轻食瘦身
营养餐全书

于雅婷　曹军　主编

江苏凤凰科学技术出版社

图书在版编目（CIP）数据

轻食瘦身营养餐全书 / 于雅婷, 曹军主编. -- 南京: 江苏凤凰科学技术出版社, 2017.5

（含章.掌中宝系列）

ISBN 978-7-5537-5590-8

Ⅰ.①轻… Ⅱ.①于… ②曹… Ⅲ.①减肥－食谱 Ⅳ.①TS972.161

中国版本图书馆CIP数据核字(2015)第253257号

轻食瘦身营养餐全书

主 编	于雅婷		曹 军	
责 任 编 辑	樊 明		葛 昀	
责 任 监 制	曹叶平		方 晨	

出 版 发 行　凤凰出版传媒股份有限公司
　　　　　　江苏凤凰科学技术出版社
出版社地址　南京市湖南路 1 号 A 楼，邮编：210009
出版社网址　http://www.pspress.cn
经 　 　 销　凤凰出版传媒股份有限公司
印 　 　 刷　北京文昌阁彩色印刷有限责任公司

开 　 　 本　880mm×1 230mm　1/32
印 　 　 张　14
字 　 　 数　380 000
版 　 　 次　2017年5月第1版
印 　 　 次　2017年5月第1次印刷

标 准 书 号　ISBN 978-7-5537-5590-8
定 　 　 价　39.80元

前言

　　世界上没有丑女人，只有懒女人。虽然我们经常听说"天生丽质""一白遮三丑"这类的话，但事实上，美丽不仅仅专属于那些肤质好的女人，肤质再好，如果不懂得保养，美丽也会很快远离您。相反，或许您长得平淡无奇，但只要经过悉心的保养和调理，您也可以绽放魅力、美丽动人。因此说，女人的美丽是靠后天养成的。

　　爱美是女人的天性，没有人会觉得自己已经足够美，没有最美，只有更美，想要自己越来越美，就必须要学会保养、学会美容。说到美容，很多人或许都会联想到护肤品和化妆品。其实，女人外表的美丽和身体内部的健康是密不可分的。身体健康，气色就会好，情绪就会佳，自然就会变美丽。所以，女人的健康是美丽的基础，注重内调外养是打造美丽容颜的不二法宝。而食疗养生，就是女人内部调理的极佳选择。

　　美女不光会打扮自己，也会养护自己，吃对食物能给女人的美丽加分。合理的食物搭配，不仅可以用来美白，还可以红润肌肤、改善气色、减肥瘦身等。总之，女人要美容，吃对食物很关键，不管是美白还是瘦身，都可通过食物来调理和改善，美容瘦身其实并不难，关键是要会吃、会搭配。

　　本书汇集了时下最流行的美容、瘦身信息，精心挑选了数百道最具有美容瘦身效果的菜品、汤品、羹品、沙拉、蔬果汁，手把手教您用最健康的方式完成最美丽的蜕变。全书共分5章，通过介绍美容瘦身常识、烹饪制作窍门、常见食材药材以及上百种具有代表性的美白瘦身菜、美肤养颜羹、滋补养颜汤、瘦身沙拉、瘦身蔬果汁的推荐，让您足不出户就可以健康合理地安排膳食，并且在满足味蕾的同时还能做到清理肠道，排出毒素，让生活更健康轻松。此外，本书还通过小贴士的方式为您提示有关美丽、养生、烹饪的方法，内容丰富，非常实用，细微之处见真挚，希望您可以通过本书达到美容瘦身的目的，吃出健康、吃出美丽。

第一章
美白瘦身菜
全面呵护健康

目录

第二章
美肤养颜羹吃出水嫩肌肤

第三章
美人汤为您再添风姿

第四章
瘦身沙拉排出毒素一身轻

第五章
美容瘦身蔬果汁葆青春活力

阅读导航

高清美图

为每道菜附上高清的彩色大图，满足您味蕾的同时也满足您的眼福。

营养功效

此处简明扼要地分析了此菜品所含的营养成分，让您吃得科学，吃得健康。

银耳橘子汤

- ⏱ 35 分钟
- 🔺 酸甜
- 🍴 ★★

本品具有滋阴润燥、美白养颜的作用。其中的橘子含维生素 C，有美白作用；银耳有滋阴、润燥、润肺等作用，是天然的润肤食品，适合女性常食。

主料
橘子 50 克
银耳 75 克
红枣 2 颗

配料
冰糖 10 克

做法

1. 银耳泡软，洗净去硬蒂，切小片；橘子剥开取瓣状。

2. 锅内倒入适量清水，放入银耳及红枣一同煮开后，改小火再煮 30 分钟。

3. 待红枣煮至软绵后，加入冰糖拌匀，最后放入橘子略煮，即可熄火。

小贴士
也可在本品中加入百合炖煮，美肤效果更佳。

食材介绍

合理搭配，主料、配料分别说明，一目了然，帮您快速准备食材。

食谱名称

　　整体所用食材的高度概括，更快捷、更方便您的检索与选择。

食谱小档案

　　列出了制作此菜所需的时间、口味、功效，让您更直接地了解此菜品的口味。

芋头鸭汤

本品具有排毒护肤的作用。其中的鸭肉含 B 族维生素和烟酸比较多，有促进新陈代谢、保护皮肤的作用。

主料
鸭肉 200 克
芋头 300 克

配料
盐 2 克
味精 1 克
食用油适量

做法

1. 鸭肉洗净，入沸水中氽去血水后，捞出切成长块；芋头去皮洗净，切长条。

2. 锅内注油烧热，下鸭块稍翻炒至变色后，注入适量清水，并加入芋头块焖煮。

3. 待焖至熟后，加盐、味精调味，起锅即可。

小贴士
不宜食用鸭尖翅部位的鸭肉，致病菌较多。

食谱介绍

　　包括做法和小贴士，介绍了此菜品的制作过程，简单易做，一学就会。

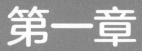

第一章

美白瘦身菜
全面呵护健康

多种多样的食物通过各种各样的烹调方式做成了风格各异的菜品，菜品是我们日常生活中最常见的食物。然而，何种食物与何种食物搭配才具有美白瘦身功效？这就是本章我们要为您解答的问题。本章精心挑选了大量具有代表性的美白瘦身菜，让您不仅可以享用美食，更能一天一天，慢慢从内美到外。

6大要点助您轻松有效排毒

毒素堆积在体内,如果不能及时排出就会给我们的身体带来危害,如肥胖、色斑、面色萎黄等。所以,要做到美白瘦身除了控制饮食、多运动,还要清理那些不断在体内堆积的毒素,这样才能达到既减肥又健康的效果。

1 饮食要科学

严格控制每天的食量,饮食清淡,少吃热量高的食物,如甜食、蜜饯、肉类、油炸食物等,早上吃得营养些,中午吃饱,晚上少吃或只吃水果和蔬菜。

2 坚持合理运动

制订一个运动计划表,每周坚持运动5~6次,每次最少45分钟,可以选择跑步、快走、健身操、跳绳、爬楼梯、瑜伽等。

3 多吃富含膳食纤维的食物

膳食纤维是减肥排毒的好帮手,它不但热量非常低,而且能促进排便、增加饱腹感,这类食物有芹菜、白萝卜、丝瓜、玉米、荞麦、绿豆等。

4 拒绝有毒食物

不吃含有农药的食品、有病的畜禽类、发霉食物、含化学添加剂的食品。同时补充含丰富维生素、矿物质等的天然蔬果,种类最好多样化,如樱桃、葡萄、西红柿、草莓等。

5 防晒才能防黑

在每次出门前30分钟,涂抹防晒霜可有效起到防晒作用。有人觉得偶尔几次忘涂防晒霜也无妨,其实这种想法是不对的。日晒的影响是可以累积的,即使是间歇性的日晒,对皮肤的伤害也很大。即便短时间内无法看到后果,但时间一长肌肤必然就会变黑,脸上就会出现斑点,皮肤就会老化、失去弹性,变得松弛。所以,防晒的重中之重在于要防微杜渐。

6 保证每天睡眠时间

睡眠充足可以保证正常的新陈代谢,作息要有规律性,最好保证每天7小时的睡眠。

窈窕体形这样吃

如果您想在减掉多余脂肪的同时，过着舒适、愉快的生活，建议您不要苛求自己去尝试一周减掉5千克的方法。减重的速度最好维持在一周减掉0.5～1千克即可，快速激烈的减肥会使身体感到疲劳，同时也容易反弹。想要窈窕体形，每日还应该保证以下基本营养：

牛奶每天摄取一杯以上

牛奶富含钙质，每天摄取一杯或以上的牛奶，有助于补充钙质，增强骨密度。

鸡蛋每天一个

新鲜的鸡蛋中含有丰富的优质蛋白质和矿物质，这也是人体每日必需的营养素。

脂肪少的鱼和肉各一片

一片手掌大的鱼或肉热量约为335焦耳。鱼、肉摄入不足时，人体容易感到疲倦，头发和肌肤也较干涩。

薯类平均一天一个

薯类是维生素C及膳食纤维的宝库，且易获得饱腹感，烹饪方法也多变，是瘦身菜单的良好选择。

豆类和豆制品

如果完全依赖动物性蛋白质，则容易患上"文明病"，如高脂血症、冠心病等，因此富含植物蛋白质的豆类和豆制品必不可少。

蔬菜在一日三餐中至少各有一道

蔬菜摄取不足，皮肤会缺乏光泽，脸上还会起"小痘痘"。

水果一天一个

蔬菜中的维生素C在加热烹调后会损失50%，而水果可在最新鲜的状态下食用。不过，大多数水果中糖分含量很高，所以应注意适量食用。

主食

这是一日三餐的必需品，也是保证人体有充沛体力的必需品，适量的主食可以增加饱腹感，不至于因为饥饿而吃其他零食，以致肥胖。

20 种食品帮您塑造完美体形

脂肪是"吃"出来的，一般人认为节食能减肥，其实，合理地吃也能帮您消除多余脂肪。我们不妨利用一些降脂、低热量的普通食物，来去除体内多余脂肪。

1 全麦面包
全麦面包是面包中热量最低的，如果您是无"包"不饱的话，就建议您早餐吃个全麦面包填填肚子。

2 燕麦片
国外好多减肥餐单都会用燕麦片作为早餐主打菜式，它热量低，营养丰富，含 B 族维生素、维生素 E、铁等成分，对促进排便很有帮助。

3 玉米
玉米含有丰富的钙、磷、硒和卵磷脂、维生素E等，具有降低胆固醇的作用。

4 芝麻
芝麻含的亚麻油酸可以去除附在血管上的胆固醇，增强新陈代谢，减肥瘦身就轻松得多。

5 红豆
红豆所含的膳食纤维可以增加大肠的蠕动，促进排尿及减少便秘，从而清除下身脂肪。

6 海带
海带富含牛磺酸、膳食纤维、藻酸等，可降低血脂。

7 墨鱼
100克墨鱼干只含有1200焦耳热量，并且含有较多的蛋白质和铁元素，口味也非常好。

8 花生
花生含有极丰富的维生素B_2和烟酸，一方面带来优质蛋白质，长肉不长脂，另一方面可以消解下身脂肪。

9 鸡肉
鸡肉去皮食用，热量更低，比半份牛肉、猪肉的热量还要低。

10 虾
100克虾含有335焦耳热量和不到1克的脂肪，饱和脂肪酸的含量低于贝类。

11 紫菜

紫菜除了含有丰富的维生素A、维生素B₁及维生素B₂，最重要的就是它含丰富的膳食纤维及矿物质，可以帮助排出身体内的废物及积聚的水分，从而有瘦腿之效。

12 金枪鱼

100克金枪鱼只含800焦耳热量、8.2克脂肪和29克蛋白质，是低脂、低热量食物。

13 葡萄

葡萄汁与葡萄酒都含有白藜芦醇，是降低胆固醇的天然物质。动物实验也证明，它能降低胆固醇，抑制血小板凝集，所以葡萄是高脂血症患者最好的食物之一。

14 苹果

苹果因富含果胶、膳食纤维和维生素C，有非常好的降脂作用。苹果可以降低人血液中的低密度胆固醇，而使对心血管有益的高密度胆固醇水平升高。苹果含独有的苹果酸，可以加速代谢，减少脂肪。而且它含的钾量比其他水果丰富，可减少令人下身水肿的钠盐。

15 菠萝

100克菠萝只含163焦耳热量，且脂肪含量很低。它既含膳食纤维，又

能提供专家所推荐的人体每日维生素C的需要量。

16 香蕉

香蕉热量低，且富含膳食纤维，有很好的通便瘦身作用。

17 木瓜

木瓜有独特的木瓜酵素，可以清除积聚在下身的脂肪，而且木瓜肉所含的果胶更是优良的润肠剂，可减少积聚在下身的废物。

18 西瓜

西瓜是瓜果中的利尿佳品，多吃可减少身体中的多余水分，有消肿瘦身之效。

19 西柚

西柚热量极低，多吃也不会引起发胖，它还含丰富的钾，有助于减少因摄入过量钠引起的下半身水肿。

20 猕猴桃

猕猴桃除了维生素C含量丰富，其膳食纤维也十分丰富，可以增加分解脂肪的速度，避免腿部积聚过多的脂肪。

菠菜炒鸡蛋

🕐 5 分钟
🧂 鲜咸
☺ ★★

本品营养丰富，除了含有优质蛋白质之外，还含有丰富的卵磷脂和维生素 B_6，其中的菠菜还含有大量的铁元素，具有补血、养颜等作用。

主料
菠菜 150 克
鸡蛋 2 个

配料
盐 3 克
食用油适量

做法

1. 菠菜择去老叶，切去根部，洗净；鸡蛋打入碗中，加少许盐搅匀。

2. 锅中加油烧热，下入鸡蛋炒至凝固后，盛出；原锅烧热，下入菠菜炒熟后，加剩余盐调味，倒入炒好的鸡蛋翻炒均匀即可。

小贴士

在烹制菠菜之前，先放热水中焯一下，可去掉大部分草酸，更有营养。

菠菜醋花生

🕐 15分钟
🔺 酸鲜
😊 ★★

本品有清理人体肠胃毒素的作用，能养血、止血、通便、润燥，有助于防治便秘，使人容光焕发。

主料

菠菜 50 克
花生仁 200 克

配料

香油 8 毫升
盐 3 克
白醋 10 毫升
食用油适量

做法

1. 菠菜洗净，用热水焯熟待用；花生仁洗净，晾干。

2. 将花生仁放在油锅里炒熟后，捞出装盘。

3. 加入菠菜、白醋、香油、盐充分拌匀即可。

小贴士

花生仁要晾干才可放入锅中炒，否则容易溅出油花。

葱油青椒丝

⏱ 4 分钟
△ 清爽
☺ ★

本品有帮助消化、紧致肌肤、降脂减肥等作用。其主料青椒富含维生素 C 和辣椒素，有助于减少色素沉着、促进新陈代谢。

主料

青椒 300 克

配料

蒜 5 克

红椒 5 克

盐 3 克

味精 3 克

葱油 20 毫升

香油 10 毫升

做法

1. 将青椒洗净，切成丝，放开水中焯熟，捞出沥干水，装盘晾凉；蒜洗净切末；红椒去蒂、去籽，切碎。

2. 把蒜末、红椒末和其余配料一起放入碗内，调匀成调料汁，均匀淋在盘中的青椒丝上即可。

小贴士

青椒应先去蒂再清洗，因为喷洒过的农药都积聚在凹陷的果蒂上，先去蒂才能洗净。

彩椒墨鱼片

⏰ 10 分钟
🗄 鲜爽
😊 ★★★

本品具有滋阴的作用，有助于延缓肌肤衰老。其中的墨鱼可滋阴、养血、益气；彩椒富含维生素 C，二者均适合爱美的女士食用。

主料

墨鱼肉 100 克
彩椒 100 克

配料

盐 3 克
味精 1 克
白醋 5 毫升
料酒 5 毫升
食用油适量

做法

1. 墨鱼肉洗净，切片；彩椒洗净，切片。

2. 锅内注油烧热，放入墨鱼片翻炒至变色后，加入彩椒一起炒匀；再加入盐、白醋、料酒炒，至熟后加入味精调味，起锅装盘即可。

小贴士

墨鱼切成横竖交叉斜纹，炒出来更好看。

菠菜粉丝炒蛋

🕐 8 分钟
🥘 清香
😊 ★★

本品蛋白质、维生素、矿物质含量丰富，其中的菠菜还含有丰富的铁元素，有助于预防贫血，尤其适合女性食用。

主料

鸡蛋 2 个
菠菜 100 克
粉丝 50 克

配料

盐 3 克
酱油 5 毫升
香油 10 毫升
食用油适量

做法

1. 鸡蛋打入碗中，加盐、香油搅拌均匀；菠菜洗净，切段；粉丝洗净，泡软，入水焯一下。

2. 炒锅上火，下食用油烧至六成热，放入鸡蛋炒至表面呈金黄色，盛出。

3. 粉丝、菠菜下热油锅中炒熟，加入鸡蛋炒匀，加盐、酱油、香油调味，即可出锅。

小贴士

菠菜根属于红色食品，具有很好的食疗作用，留下粗一点的部分，既营养，味道也不错。

上海青扒豆腐

🕐 8 分钟
🔺 鲜美
☺ ★★

本品既美味可口，又易于消化吸收，还有滋养肌肤的作用。其中的上海青还含有丰富的维生素 C，有助于减少皮肤黑色素沉着，使皮肤白皙。

主料
上海青 100 克
日本豆腐 80 克

配料
番茄酱 15 克
盐 3 克
食用油适量

做法
1. 将上海青洗净，放入盐水中焯一下，装盘。
2. 日本豆腐洗净，切成圆形片。
3. 油锅烧热，将日本豆腐放入油锅内炸成金黄色，加入盐焖 1 分钟，捞出沥油，装入盛有上海青的盘中，淋上番茄酱即可。

小贴士
烹饪时，要将上海青的老茎和硬皮去掉，否则影响口感。

炒芹菜

⏱ 6 分钟
🧂 鲜辣
☺ ★★

本品有醒脾开胃、清热平肝、利尿消肿等作用。其中的芹菜富含膳食纤维，能消除体内多余水分和毒素，是减肥、美容的圣品。

主料

芹菜 300 克

配料

干辣椒 5 克
盐 3 克
酱油 3 毫升
食用油适量

做法

1. 将芹菜去根须，洗净，用直刀切成长段；干辣椒洗净，切长段。

2. 炒锅上火，注油烧热，下入干辣椒炒出香味。

3. 再放入芹菜略翻炒，加入盐、酱油炒匀，出锅装盘即可。

小贴士

芹菜叶中胡萝卜素、维生素 C、维生素 B_1、钾含量丰富，烹饪时可保留。

橙汁山药

⏱ 16 分钟
🍯 香甜
😊 ★★

本品外有橙汁的酸甜，内有山药的独特清香，口味丰富。其中的山药含有黏液蛋白、淀粉酶、皂苷、游离氨基酸、多酚氧化酶等物质，有助于保持肌肤弹性，预防皱纹。

主料

山药 300 克
橙汁 20 毫升
枸杞子 8 克

配料

白糖 10 克
水淀粉 25 毫升

做法

1. 山药洗净，去皮，切条，入沸水中煮熟，捞出，沥干水分；枸杞子稍泡备用。

2. 橙汁加热，加白糖，再用水淀粉勾芡成汁。

3. 将做好的橙汁淋在山药上，腌制入味，放上枸杞子即可食用。

小贴士

加糖时可根据个人口味酌量添加。

枸杞春笋

⏱ 20 分钟
🧂 香脆
☺ ★★★

本品富含优质蛋白质，并且人体必需的 8 种氨基酸在春笋中一应俱全，另外春笋等笋类中还含有清洁肠道的粗膳食纤维，有预防便秘的作用。

主料
春笋 300 克
枸杞子 25 克

配料
盐 3 克
白糖 10 克
味精 2 克
小葱 15 克
食用油适量

做法

1. 将春笋去壳去衣，去除老根后切成长的细丝。

2. 枸杞子用温水浸透泡软；笋丝投入开水锅中焯水后捞出，沥干水分；小葱洗净切碎。

3. 炒锅置旺火上，放入油烧热，投入枸杞子煸炒一下，再放入笋丝、盐、白糖和少量的水烧 1 ~ 2 分钟，最后加入味精，撒上葱花即成。

小贴士
宜选购笋壳嫩黄色、笋肉白、节与节之间较为紧密的春笋。

春色虾仁

本品可从两方面改善肤质：一是通过红豆，红豆入心经，有助于促进新陈代谢，养心补血，使肌肤红润；二是通过虾仁，虾仁蛋白质含量丰富，有助于维持肌肤弹性。

主料

虾仁 200 克
豌豆 50 克
玉米粒 50 克
红豆 50 克

配料

盐 3 克
味精 2 克
料酒 3 毫升
香油 3 毫升
食用油适量

做法

1. 豌豆、玉米粒洗净；红豆泡发 30 分钟，洗净；虾仁处理干净，用料酒腌制去腥。

2. 油锅烧热，倒入虾仁，炒至变色后放入豌豆、玉米粒、红豆翻炒至熟。

3. 最后加盐、味精、香油炒至入味即可。

小贴士

红豆提前泡软，更易炒熟，且容易咀嚼、消化。

椿芽核桃仁

🕐 6分钟
🔥 鲜辣
☺ ★★★

本品营养美味，而且有润肠通便的作用。其中的椿芽含有丰富的维生素 C，能清热解毒、健胃理气，有助于增强机体免疫力。

主料

核桃仁 100 克
椿芽 50 克

配料

盐 3 克
味精 2 克
香菜 15 克
干辣椒节 10 克
食用油适量

做法

1. 核桃仁洗净；香菜洗净，切段；椿芽洗净备用。

2. 将备好的主料放入开水中稍烫，捞出，沥干水分，放入容器中。

3. 油锅烧热，放入干辣椒节，加盐、味精炒好，倒入容器中，加入香菜搅拌均匀，装盘即可。

小贴士

食材在沥干后才可入锅炒，否则容易溅出油花。

桂花山药

🕐 12 分钟
🔺 软糯
☺ ★★★

本品有健脾开胃、生津益肺、养颜美容、增强免疫力等作用。其主料山药中还含有淀粉酶,能促进蛋白质和糖类的分解,有减肥轻身的作用。

主料

山药 250 克
黄瓜 30 克
圣女果 3 颗
青豆 10 克

配料

桂花酱 50 克
白糖 30 克

做法

1. 山药去皮,洗净,切片,焯水后沥干备用;青豆洗净焯熟,黄瓜洗净切片;圣女果洗净对切,摆盘。

2. 锅上火,放清水,下白糖、桂花酱烧开至成浓稠状的调味汁。

3. 将调味汁浇在山药片上即可。

小贴士

桂花调味汁浓稠一些,香味更浓郁。

鸽蛋扒海参

⏱ 10分钟
🏷 清爽
☺ ★★★

本品是一种典型的高蛋白、低脂肪、低胆固醇的菜品，有补肾益精、抗疲劳的作用，抗衰老作用也十分显著，有助于延缓肌肤衰老。

主料

水发海参 80 克
熟鸽蛋 80 克
上海青 80 克
清鸡汤 100 毫升

配料

料酒 5 毫升
酱油 3 毫升
盐 3 克
水淀粉 5 毫升
食用油适量

做法

1. 海参、上海青均洗净，海参切成条状；将海参、上海青入盐开水中汆烫后捞出。

2. 油锅烧热，放海参，加清鸡汤、料酒、酱油、盐、水淀粉勾芡后装盘；除去鸽蛋蛋壳，再热油锅，下入鸽蛋炸成金色，捞出后与上海青围放在海参周围即成。

小贴士

选购海参时，要选用无斑点、无霉变的水发海参。

果汁白菜

🕐 23 分钟
🅰 鲜爽
😊 ★★

本品口感清爽酸甜，含有丰富的维生素 C，有美白的功效。其主料白菜中含有丰富的维生素，多吃白菜可以起到很好的护肤作用。

主料
鲜橘汁 50 毫升
白菜 250 克

配料
红油 2 毫升
香油 10 毫升
盐 3 克
味精 2 克
香菜 5 克

做法

1. 白菜洗净，入开水锅中焯水后捞出沥干，切丝，放入盘内；香菜洗净，切成段。

2. 鲜橘汁入冰箱冷藏 20 分钟后取出，加盐、味精、香油、红油搅匀，淋在白菜上，撒上香菜段即可。

小贴士

选购白菜的时候要选叶片水分含量多的，较新鲜。

海参鱼条

⏱ 10分钟
🧂 鲜香
☺ ★★★

本品有补肾益阴、增强免疫力的作用，其中的海参、鱼肉富含优质蛋白质，对肌肤损伤有一定的修复作用。

主料

海参 200 克
鱼肉 300 克
青菜 100 克
胡萝卜片 10 克

配料

盐 3 克
味精 1 克
白醋 5 毫升
酱油 5 毫升
食用油适量

做法

1. 海参洗净，切成条；鱼肉洗净，加少许盐、少许味精、少许酱油腌制入味，再捏成长条状；青菜、胡萝卜片均洗净。

2. 锅内注油烧热，放入鱼条滑炒至变色后，加入海参、青菜、胡萝卜片炒匀。

3. 炒至熟后加入剩余盐、白醋、剩余酱油炒匀入味，以剩余味精调味，起锅装盘即可。

小贴士

自己做的鱼丸比在超市、市场购买的鱼丸更加有口感。

什锦海鲜

⏱ 15分钟
🧂 鲜爽
😊 ★★★

本品营养成分相对齐全，常食有增强免疫力的作用。其主料涉及多种海鲜，有降血脂和降低低密度胆固醇的作用，有助于减肥，预防心血管疾病。

主料

金枪鱼 50 克
三文鱼 50 克
鲷鱼 50 克
大虾 50 克
生菜 50 克
胡萝卜 50 克
海带芽 30 克
橙子 30 克

配料

盐少许
姜 15 克

做法

1. 生菜、胡萝卜洗净，切丝，入开水稍烫，捞出，沥干水分，放盘底；橙子切片做装饰；姜洗净，切片备用。

2. 金枪鱼、鲷鱼、三文鱼洗净，切片，放入冰箱冰镇好，取出放入盘中。

3. 大虾洗净，去壳、去泥肠，入加盐、姜的开水中煮熟，捞出，装盘；海带芽入加了盐的开水中煮熟，放盘里即可。

小贴士

买来的虾仁要先去除泥肠，否则会有腥味。

过桥豆腐

🕐 10 分钟
🔺 鲜嫩
😊 ★★★

本品有清热润燥、滋润皮肤、降脂减肥的作用。其主料豆腐、鸡蛋富含优质蛋白质，对维持肌肤弹性大有裨益。

主料
水豆腐 150 克
五花肉 80 克
鸡蛋 4 个
红椒 10 克

配料
盐 3 克
味精 2 克
葱花 10 克
香油 3 毫升

做法

1. 将水豆腐洗净，切成方片，在盐水中焯一下，摆在盘正中央；红椒洗净，剁成碎末备用。

2. 五花肉洗净，剁成肉末，加红椒末、盐、味精拌匀，撒放在豆腐片上。

3. 将鸡蛋打入豆腐两边，入锅蒸 5 分钟，撒上葱花，淋上香油即可。

小贴士
水豆腐焯过之后不易碎，且没有豆腥味。

清炒鲈鱼片

⏱ 20 分钟
🍲 鲜香
☺ ★★

本品有补肝肾、益脾胃以及增强免疫力的作用。其中的鲈鱼富含蛋白质、脂肪、矿物质等营养成分，滋补效果良好。

主料

鲈鱼 1 条
上海青 50 克

配料

盐 3 克
味精 1 克
白醋 5 毫升
酱油 8 毫升
红椒 15 克
樱桃 1 个
炸熟虾米 10 克
食用油适量

做法

1. 鲈鱼处理干净，切片；上海青洗净，切去叶部，用沸水焯一下备用；红椒洗净，切丝。

2. 锅内注油烧热，放入鲈鱼片滑炒至变色，注水焖煮。

3. 煮至熟后，加入盐、白醋、酱油、少许红椒炒匀至入味，加味精调味，起锅装盘，将炸熟虾米放入上海青上，以上海青围边，并将樱桃入鲈鱼口中装饰，撒上剩余红椒丝即可。

小贴士

要挑选新鲜、鱼身圆润、眼睛透亮的鲈鱼。

核桃拌三素

⏱ 6分钟
△ 香脆
☺ ★★★

本品有滋养肌肤的作用。其中的核桃中的脂肪酸主要是亚油酸，是人体理想的"肌肤美容剂"，经常食用有润肌肤、养容颜的作用。

主料

核桃仁 100 克
莴笋 100 克
胡萝卜 100 克
白果 100 克

配料

盐 3 克
味精 3 克
香油 10 毫升

做法

1. 莴笋去皮，洗净，切成丁；胡萝卜去皮，洗净，切成丁；核桃仁、白果分别洗净。

2. 将莴笋、胡萝卜、白果一起放进开水中焯熟，捞起沥干，与核桃仁一起装盘。

3. 把调味料拌匀，淋在盘中即可。

小贴士

将莴笋、胡萝卜、白果焯过后，口感更爽脆。

红豆拌核桃仁

⏱ 8 分钟
🔺 鲜脆
🙂 ★ ★ ★

本品有除皱抗皱的作用。其主料中的红豆富含维生素 B_1、维生素 B_2 及多种矿物质，有助于促进新陈代谢，使肌肤红润；核桃中的亚油酸有润泽肌肤的作用。

主料

红豆 50 克
熟核桃仁 100 克
西芹 40 克

配料

盐 3 克
味精 2 克
红油 3 毫升

做法

1. 红豆洗净，入开水锅中煮熟后，捞出沥干；西芹洗净，切小段，焯水。

2. 将熟核桃仁、红豆、西芹同拌。

3. 调入盐、味精、红油拌匀即可。

小贴士

红豆要煮熟，更容易咀嚼和吸收。

红豆玉米葡萄干

本品具有使皮肤细嫩光滑、延缓皱纹产生的作用。其中的红豆有助于养心补血、使肌肤红润；葡萄干中铁含量丰富，有补血养颜的作用。

主料
红豆 100 克
豌豆 100 克
葡萄干 50 克
玉米粒 300 克

配料
酱油 10 毫升
盐 5 克
香油 10 毫升
食用油适量

做法
1. 把主料分别洗净，红豆入锅中煮熟，玉米粒、豌豆分别焯水待用。
2. 油锅烧热，然后放进全部主料，下酱油一起滑炒至熟，下盐炒匀，淋上香油后装盘即可。

小贴士
红豆提前泡好，煮时会省时不少。

🕐 15分钟
🔥 香甜
😊 ★★

胡萝卜鸡丁

🕐 17分钟
🔥 鲜香
☺ ★★

本品不但色泽诱人，而且营养美味，还有预防衰老的作用。其中鸡肉、腰果无不是上佳滋补品，再加上胡萝卜、生菜、黄瓜中的多种维生素，护肤效果更显著。

主料
鸡肉 150 克
腰果 50 克
黄瓜 30 克
胡萝卜 80 克
生菜 20 克

配料
盐 3 克
味精 3 克
香油 3 毫升
食用油适量

做法
1. 鸡肉、黄瓜、胡萝卜均洗净，切丁；生菜洗净，入盘垫底。
2. 油锅烧热，下鸡肉滑炒至熟，放入黄瓜、胡萝卜、腰果同炒片刻。
3. 调入盐、味精炒匀，淋入香油，起锅盖在生菜上即可。

小贴士
切丁时要大小适宜，更好入味。

玉米拌鱼肉

🕐 7 分钟
🔺 鲜香
😊 ★★★

本品具有滋润肌肤、抵抗衰老的作用。其中的鸡蛋、金枪鱼富含优质蛋白质；生菜、西红柿富含维生素 C；玉米富含维生素 E。几种食材搭配，对肌肤有多重滋补作用。

主料

鸡蛋 2 个
生菜 30 克
西红柿 50 克
玉米粒 50 克
金枪鱼 100 克
黄瓜 100 克

配料

色拉酱 15 克

做法

1. 生菜择洗干净，铺在盘底；西红柿洗净，切成瓣；鸡蛋煮熟，对切；黄瓜洗净，一部分切丝，一部分切长条。

2. 金枪鱼洗净，切小粒，和玉米粒一起入开水中煮熟，捞出，放入装有生菜的盘中，撒上黄瓜丝。

3. 再放上西红柿、鸡蛋，加入玉米粒，铺上黄瓜条，挤上色拉酱即可。

小贴士

挤上色拉酱更加美味。

胡萝卜拌金针菇

本品具有淡化皱纹的作用。其中的胡萝卜富含胡萝卜素，有助于清除致人衰老的自由基，保持肌肤年轻，还含有 B 族维生素和维生素 C 等有助于滋润肌肤的营养素。

主料

金针菇 300 克
胡萝卜 150 克

配料

盐 3 克
味精 1 克
白醋 6 毫升
酱油 8 毫升
香菜 5 克

做法

1. 金针菇去根部洗净；胡萝卜洗净，切丝；香菜洗净，切成段。

2. 锅内注水烧沸，放入金针菇、胡萝卜丝焯熟后，捞起沥干并装入盘中。

3. 加入盐、味精、白醋、酱油拌匀，撒上香菜段即可。

小贴士

胡萝卜焯水后食用起来更加爽脆。

🕐 4 分钟
🍴 清爽
😊 ★★★

芦笋牛肉爽

🕐 14分钟
🔺 鲜辣
☺ ★★

本品具有润泽皮肤、促进排毒的作用。其中的牛肉是高蛋白质、低脂肪的优质肉类，有助于使肌肤饱满紧致；芦笋富含膳食纤维，有助于帮助消化，预防便秘。

主料

芦笋 70 克
牛肉 180 克

配料

葱花 3 克
盐 3 克
味精 3 克
水淀粉 10 毫升
酱油 5 毫升
红椒 5 克
食用油适量

做法

1. 牛肉洗净，切片，用水淀粉上浆；芦笋洗净，切成斜段，焯水；红椒洗净，切碎。

2. 油锅烧热，下牛肉滑炒至熟，加红椒、芦笋炒香。

3. 下盐、味精、酱油调味，撒上葱花，起锅装盘即可。

小贴士

芦笋焯水后口感更加爽脆。

滑子菇炒肉丝

⏱ 11 分钟
🔺 香滑
☺ ★★★

本品营养滋补,具有润泽肌肤的作用。其中的滑子菇含有粗蛋白、脂肪、碳水化合物、膳食纤维、钙、磷、铁、B 族维生素等营养素,有增强体质的作用。

主料

红椒 5 克
猪肉 150 克
滑子菇 200 克
蛋清 1 个

配料

葱 10 克
盐 3 克
味精 2 克
淀粉 5 克
食用油适量

做法

1. 猪肉洗净,切成细丝,用蛋清、淀粉拌匀;滑子菇洗净;葱、红椒均洗净,切丝。

2. 锅中加油烧热,下入肉丝滑炒至肉色发白时,捞出。

3. 原锅烧热,爆香葱丝、红椒丝,再下入滑子菇炒 2 分钟,下入炒好的肉丝及盐、味精,翻炒均匀即可。

小贴士

炒时要用大火,可加少量的水,以免滑子菇不熟。

红椒核桃仁

⏱ 3分钟
🔺 咸香
😊 ★★

本品具有补血养颜、改善皮肤新陈代谢及润肠通便等作用。其主料核桃富含亚麻酸，是有效的降脂成分，有降脂减肥的作用。

主料

核桃仁 100 克
甜豆荚 50 克
红椒 30 克
黄瓜片适量
胡萝卜片适量

配料

盐 3 克
味精 2 克
香油 15 毫升

做法

1. 核桃仁洗净；甜豆荚洗净，切段，入盐水锅焯水后捞出，摆入盘中；黄瓜片、胡萝卜片摆盘备用。

2. 红椒洗净，切菱形片，焯水后与核桃仁、甜豆荚同拌，调入盐、味精、香油拌匀后装盘即可。

小贴士

选购核桃的时候，以壳体呈浅黄褐色、有光泽者为佳。

黄瓜山药

🕐 8 分钟
☐ 清爽
☺ ★★★

本品有清理肌肤、减少皱纹、减肥轻身的作用。其中的黄瓜有"厨房里的美容剂"之称，经常食用或外敷皮肤，可有效地对抗皮肤衰老，减少皱纹的产生。

主料

山药 100 克
黄瓜 80 克
鲜花 15 克

配料

盐 3 克
味精 3 克

做法

1. 黄瓜洗净，切片，摆盘；鲜花洗净。

2. 山药洗净，去皮切片，入开水中焯水后捞出，调入盐、味精拌匀，装入垫有黄瓜的盘中。

3. 撒上鲜花即可。

小贴士

黄瓜切片时不宜太厚。

鸡蛋炒肉丝

⏱ 10 分钟
🅐 清香
☺ ★★

本品具有补益气血、润泽肌肤的作用。其中的鸡蛋富含优质蛋白质，有预防肌肤衰老的作用；猪肉在所有肉类中含铁量较高，有补血养颜之效。

主料
猪肉 200 克
鸡蛋 3 个

配料
盐 3 克
料酒 10 毫升
香菜 15 克
食用油适量

做法

1. 猪肉洗净，切丝；鸡蛋打入碗中，加盐搅拌好；香菜洗净，切段备用。

2. 油锅烧热，放入肉丝，加盐、料酒滑炒至熟，捞出；另起油锅，下入鸡蛋液炒散。

3. 鸡蛋炒好后，加入肉丝翻炒均匀，最后加入香菜炒匀，装盘即可。

小贴士
肉丝炒至鲜嫩即可，不宜炒得过久。

鸡丝凉皮

⏱ 5 分钟
🍲 咸香
☺ ★

本品既营养滋补，又有排毒护肤的作用，适合爱美的女性常食。其中的黄瓜，夏天食用有助于解暑，秋天食用有助于滋阴，四季皆宜。

主料
熟鸡脯肉 30 克
凉皮 150 克
黄瓜 25 克
白芝麻 15 克

配料
盐 3 克
味精 3 克
香油 3 毫升
红油 1 毫升

做法

1. 凉皮放进沸水中焯熟，捞起控干水，装盘晾凉；黄瓜洗净，切成丝；将鸡脯肉撕成细丝，与黄瓜丝、凉皮一起装盘。

2. 将香油、红油、白芝麻、盐、味精调匀，浇于凉皮上即可。

小贴士
鸡脯肉撕成细丝时应竖着撕，不宜过宽。

火爆牛肉丝

⏱ 28 分钟
🔺 香辣
☺ ★

本品有补益气血、健运脾胃的作用。其中的牛肉蛋白质含量高，脂肪含量低，滋补效果显著；洋葱则有助于清除体内自由基，增强细胞活力，抗衰老。

主料

牛肉 200 克
洋葱 50 克
红甜椒 10 克

配料

盐 3 克
水淀粉 10 毫升
酱油 10 毫升
香菜 15 克
味精 3 克
食用油适量

做法

1. 牛肉洗净，切丝，用少许盐、味精、水淀粉腌 20 分钟；红甜椒洗净，切段；香菜洗净切段；洋葱洗净，切丝。

2. 油锅烧热，入牛肉爆炒至熟，下红甜椒炒香，加洋葱、香菜炒熟。

3. 入剩余盐、酱油调味，炒匀，装盘即可。

小贴士

牛肉切丝时要逆着纹理切。

鸡油丝瓜

⏱ 5 分钟
🅰 咸香
☺ ★★★

本品具有滋润肌肤、预防肌肤衰老的作用。其中的丝瓜可补水、通经、解毒；彩椒富含维生素 C，有助于预防黑斑和雀斑形成。

主料

鸡油 20 毫升
丝瓜 100 克
彩椒 20 克

配料

盐 3 克
香油 10 毫升
味精 2 克

做法

1. 丝瓜去皮，洗净，切成滚刀块，用温水焯过后晾干备用；彩椒洗净，切成片。

2. 锅置火上，注入鸡油烧热后，放入丝瓜、彩椒翻炒，再调入盐、味精、香油炒匀即可。

小贴士

丝瓜不宜炒得太久，以免营养流失。

酥香四季豆

⏱ 15 分钟
🅰 鲜香
☺ ★ ★

本品具有排毒嫩肤的作用。其中的四季豆对皮肤、头发大有好处，可以促进肌肤的新陈代谢，帮助机体排毒，令肌肤常葆青春；茄子含有丰富的维生素 P，有助于保护血管健康、对抗肌肤衰老。

主料

四季豆 100 克
猪瘦肉末 100 克
茄子 100 克
茶树菇 100 克
彩椒条 25 克

配料

盐 3 克
酱油 10 毫升
酱料 20 克
食用油适量

做法

1. 四季豆洗净，切段；茄子洗净，切条；茶树菇洗净，焯烫；猪瘦肉末置于四季豆上，蒸熟后淋上酱油。

2. 油锅烧热，放入茄子条与茶树菇、彩椒条炒熟，加入盐、酱料翻炒入味至水干即可。

小贴士

茄子炒前泡水可减少其吸油量，且能防止其氧化变黑。

芥蓝拌黄豆

⏱ 10分钟
🔥 清爽
☺ ★★

本品具有美容瘦身的作用。其中的黄豆含有极为丰富的植物蛋白质，可以促进肌肤的新陈代谢，保持肌肤的弹性；芥蓝富含膳食纤维，有助于预防便秘。

主料

芥蓝 50 克
黄豆 200 克
红椒 4 克

配料

盐 2 克
白醋 5 毫升
香油 5 毫升

做法

1. 芥蓝去皮，洗净，切成小段；黄豆洗净，泡发 1 ~ 2 个小时；红椒洗净，切圈。

2. 锅内注水，大火烧开，把芥蓝放入水中焯熟，捞起控干；再将黄豆放入水中煮熟捞出。

3. 黄豆、芥蓝置于碗中，将盐、白醋、香油、红椒圈混合调成汁，浇在芥蓝即可。

小贴士

芥蓝味微苦，食用之前用开水焯一下可去除苦涩味。

彩椒土豆丝

🕐 10 分钟
🔺 酸脆
☺ ★★

本品具有和胃调中、益气健脾、强身健体等功效。其主料土豆含有粗纤维，有促进胃肠蠕动和加速胆固醇在肠道内代谢的功效，有助于预防便秘，防止色斑形成。

主料

土豆 500 克

彩椒 100 克

配料

白醋 5 毫升

盐 3 克

鸡精 3 克

香油 5 毫升

食用油适量

做法

1. 土豆去皮，洗净，切丝；彩椒均洗净，切丝。

2. 土豆丝入开水锅中焯至断生。

3. 油锅烧热，下彩椒丝爆香，放入土豆丝，加盐、鸡精炒匀，淋入白醋和香油即可。

小贴士

土豆削完皮切丝后应马上浸入清水里，以洗去淀粉。

金汤鳕鱼丸

⏱ 20 分钟
🌡 鲜辣
😊 ★★

本品具有润泽肌肤、排毒瘦身的作用。其中香菇含有的微量元素及丰富的维生素 A、维生素 B$_2$ 及维生素 D，都是美容养颜的营养成分。

主料
鳕鱼 200 克
香菇碎 50 克
上海青 25 克
高汤 100 毫升

配料
盐 3 克
味精 2 克
辣椒粉 3 克
鲍鱼汁 50 毫升

做法

1. 上海青洗净，焯水，摆盘；鳕鱼收拾干净，剁碎，加入香菇碎、盐、辣椒粉拌匀，挤成丸子。

2. 锅内加高汤烧开，放入丸子煮熟，置于上海青上。

3. 油锅烧热，入鲍鱼汁、味精烧开，淋在丸子上即可。

小贴士

清洗鱼腹时，最好将鱼骨缝中的血丝刷洗干净，可去除鱼腥味。

酒酿黄豆

⏱ 10 分钟
🔺 酸爽
☺ ★★

本品具有美化皮肤、活血温经、保持大便通畅等作用。其中的黄豆含有植物雌激素，是女性天然的滋补品。

主料
黄豆 200 克

配料
醪糟 100 毫升
葱花 10 克

做法

1. 黄豆洗好，提前浸泡 8 个小时后洗净，捞出待用。

2. 把洗好的黄豆放入碗中，倒入准备好的部分醪糟，放入蒸锅里蒸熟。

3. 在蒸熟的黄豆里加入一些新鲜的醪糟，撒入葱花拌匀即可。

小贴士
黄豆蒸熟即可盛出，不宜蒸得过久。

菊花拌黑木耳

🕐 6 分钟
🔺 清香
🙂 ★★

本品有美白养颜、令人肌肤红润的作用。其中的黑木耳是一种天然补血菌类，含铁量极高；菊花有清热解毒的作用，有助于预防色斑。

主料

菊花 40 克
水发黑木耳 200 克
圣女果 2 颗

配料

盐 3 克
味精 3 克
香油 10 毫升

做法

1. 圣女果洗净对切，摆盘；黑木耳洗净，撕成片，入开水锅中焯水后捞出；菊花剥成瓣，洗净，焯水后捞出。

2. 将黑木耳与菊花同拌，调入盐、味精、香油拌匀即可。

小贴士

黑木耳泡发后仍然紧缩在一起的部分不宜食用，宜摘掉。

韭香章鱼

⏱ 16 分钟
🧂 鲜香
☺ ★★

本品有活化肌肤、排毒瘦身的作用。其中的章鱼含有多种营养素，具有补气养血、收敛生肌的作用，是女性的滋补佳品；韭菜富含粗纤维，有助于预防便秘。

主料

韭菜 100 克
章鱼 300 克
红椒 25 克

配料

盐 3 克
味精 1 克
白醋 5 毫升
酱油 6 毫升
食用油适量

做法

1. 章鱼洗净，用盐腌制片刻；韭菜洗净，切段；红椒洗净，切丝。

2. 锅内注油烧热，放入章鱼翻炒至变白卷起后，加入韭菜、红椒一起炒匀。

3. 再加入盐、白醋、酱油炒至熟后，加入味精调味，起锅装盘即可。

小贴士

章鱼炒制时间不宜过长，避免肉质变老。

苦瓜虾仁

🕐 12 分钟
🔺 清爽
☺ ★★

本品具有清心明目、清热解毒、增强免疫力的作用。其中的苦瓜含有苦杏仁苷，能提高人体免疫功能；虾仁含有丰富的蛋白质，有助于维持肌肤弹性。

主料

苦瓜 200 克
虾仁 150 克

配料

盐 3 克
淀粉 25 克
香油 8 毫升
樱桃 1 颗
食用油适量

做法

1. 苦瓜洗净，剖开，去除瓤，切成薄片，放在盐水中焯一下，装入盘中。

2. 虾仁洗净，用盐、淀粉腌 5 分钟后，下入油锅滑炒至呈玉白色。

3. 将虾仁捞出，盛放在苦瓜上，再淋上香油，放上洗净的樱桃点缀即可。

小贴士

苦瓜焯水后苦涩之味会稍微减轻。

橄榄菜四季豆

⏱ 9分钟
🧂 鲜咸
☺ ★★

本品有排毒养颜的功效。其中的四季豆中含有的皂苷类物质能减少脂肪的吸收，促进脂肪代谢，所含的膳食纤维还可减短食物通过肠道的时间，有助于减肥。

主料

橄榄菜 50 克
四季豆 250 克
花生仁 100 克
红椒丁 15 克

配料

酱油 3 毫升
盐 3 克
香油 3 毫升
食用油适量

做法

1. 四季豆去老筋，洗净，切丁；花生仁洗净，炒熟，去衣。

2. 油锅烧热，加红椒丁炒香，放入四季豆、酱油翻炒；四季豆炒至半熟时，加入花生仁、橄榄菜、盐翻炒，炒熟后，淋上香油起锅装盘。

小贴士

四季豆要去除四周老筋，这样较易咀嚼。

醋香核桃仁

- ⏱ 4分钟
- 🔺 酸爽
- 😊 ★★

本品具有滋补嫩肤的作用。其主料核桃不但营养滋补，而且富含油脂，有润泽肌肤、润燥滑肠的作用，有助于保持肌肤活力，预防便秘。

主料
核桃仁 100 克
胡萝卜 20 克
红椒 15 克

配料
白醋 20 毫升
盐 2 克
味精 2 克
酱油 3 毫升
香菜 15 克

做法

1. 核桃仁洗净；胡萝卜去皮，洗净，切成丝；红椒洗净，切成片；香菜洗净切段。

2. 胡萝卜放入碗中，再将核桃仁置于上面，用盐、白醋、味精、酱油混合调成汁，浇在上面，再撒上红椒片、香菜段即可。

小贴士

也可加入少许木耳同拌，美肤效果更佳。

凉拌南瓜丝

⏱ 5 分钟
🍯 甘甜
☺ ★★

本品具有润肠通便、排除毒素的作用。其中的南瓜含有大量果胶，果胶有较强的吸附作用，有助于吸附肠道内毒素，有排毒及预防色斑的作用。

主料

南瓜 400 克

配料

盐 3 克
白糖 10 克
香油 10 毫升

做法

1. 南瓜洗净，去皮，切丝备用。

2. 将南瓜丝放入开水中焯熟，捞出，沥干水分，放入容器中。

3. 将白糖、盐、香油搅匀，淋在南瓜丝上搅拌均匀，装盘即可。

小贴士

南瓜去皮时要格外小心，因它表皮下的果肉有黏液，容易滑手。

百合炒玉米

⏰ 15分钟
🍯 香甜
☺ ★★★

本品清鲜淡爽，常食有宁心安神、补血养颜之功效。其中的百合富含蛋白质和维生素，具有养心安神，润肺止咳的功效，对孕妇也有很好滋补作用。

主料
玉米粒 200 克
百合 50 克
胡萝卜 50 克
黄瓜 150 克

配料
盐 3 克
水淀粉适量
食用油适量

做法

1. 玉米粒洗净；百合、胡萝卜、黄瓜均洗净，切片。

2. 锅入水烧开，放入玉米粒焯至八成熟后，捞出沥干备用。

3. 锅下油烧热，入玉米粒略炒，再放入百合、胡萝卜翻炒，加盐炒至入味，待熟后用水淀粉勾芡，装盘，将黄瓜片围在四周即可。

小贴士

百合磨粉制成面膜，有很好的美白润肤作用。

板栗白菜

🕐 5分钟
🧂 鲜香
😊 ★★★

本品有补益肾气、预防色斑的作用。其中的板栗含有丰富的不饱和脂肪酸和维生素、矿物质，是抗衰老的滋补佳品；白菜富含维生素 C，有减少色素沉着、使皮肤白皙的作用。

主料

板栗仁 50 克
白菜心 80 克
高汤 100 毫升

配料

酱油 3 毫升
白糖 5 克
盐 3 克
水淀粉 10 毫升
食用油适量

做法

1. 白菜心洗净，用温水焯过后捞出，沥干备用；板栗仁洗净待用。

2. 油锅烧热，下入高汤、酱油、白糖、盐、白菜心、板栗仁，煮至板栗仁软烂，装盘。

3. 用水淀粉勾芡，淋在板栗仁及白菜心上即成。

小贴士

板栗仁软烂的口感更好。

凉拌海蜇萝卜丝

⏱ 6分钟
▲ 爽脆
☺ ★★

本品具有清理肠胃、抵抗衰老的作用。其中的白萝卜富含维生素 C，有助于抑制黑色素的合成，预防色斑；海蜇有清肠胃的作用，可以排毒瘦身。

主料
海蜇 250 克
白萝卜 250 克
黄瓜 30 克

配料
香油 10 毫升
盐 3 克
味精 2 克

做法

1. 黄瓜洗净，焯熟切片，摆盘；海蜇、白萝卜分别洗净，然后切丝。

2. 水烧开，将白萝卜丝、海蜇丝分别放进开水中焯熟、余熟，捞起控干水，晾凉装盘。

3. 将香油、盐和味精调好，与白萝卜丝、海蜇丝拌匀即可。

小贴士
萝卜丝焯水尽量久一点，可将辛辣味去除。

荔枝牛肉

13分钟
香甜
★★

本品有细致肌肤、保持肌肤弹性的作用。其中的牛肉氨基酸组成与人体较为接近，对于修复组织特别适宜；油菜是人体黏膜及上皮组织维持生长的重要营养来源，有延缓肌肤衰老的作用。

主料

牛肉 200 克
荔枝 50 克
上海青 250 克

配料

盐 3 克
味精 3 克
番茄酱 8 克
水淀粉 15 毫升
橙子 50 克
食用油适量

做法

1. 牛肉洗净，切块，用少许盐、水淀粉腌制；荔枝去壳，取肉；上海青洗净，对切，焯水后摆盘；橙子切片，摆盘。

2. 油锅烧热，入牛肉滑炒至熟，加荔枝翻炒，放剩余盐、味精、番茄酱炒匀。

3. 放在上海青上即可。

小贴士

也可加入番茄酱来腌制牛肉，可使牛肉味道更加鲜美。

凉拌黑木耳

⏱ 9 分钟
🧂 酸辣
😊 ★ ★ ★

本品具有补血养颜、清除毒素的作用。其中的黑木耳含铁量丰富，能养血驻颜，令人肌肤红润，防治缺铁性贫血。

主料

黑木耳 300 克
青椒 15 克
红椒 15 克

配料

盐 2 克
味精 1 克
白醋 8 毫升
酱油 10 毫升
蒜 5 克

做法

1. 黑木耳洗净泡发，用沸水焯熟后，捞起晾干装盘待用；青椒、红椒洗净，切成斜片；蒜洗净，切末。

2. 将黑木耳、青椒、红椒放入盘中，再放入蒜末。

3. 向盘中加入盐、味精、白醋、酱油，拌匀即可。

小贴士

黑木耳在泡发后注意将其缝隙中的灰尘清理干净，口感更好。

凉拌绿豆芽

本品有清肠胃、解热毒、利湿热等作用。其中的绿豆芽含脂肪及热量低，含水分和膳食纤维多，常吃有助于减肥，保健作用较好。

主料

绿豆芽 200 克
黄瓜丝 50 克

配料

盐 3 克
白醋 6 毫升
酱油 8 毫升
香油 10 毫升
红椒丝 15 克

做法

1. 绿豆芽洗净；黄瓜丝、红椒丝分别焯水待用。

2. 锅内注水烧沸，放入绿豆芽焯熟后，捞起晾干并装入盘中，再放入黄瓜丝、红椒丝。

3. 加入盐、白醋、酱油、香油拌匀即可。

小贴士

烹调绿豆芽时最好加点醋，这样有助于预防维生素的流失。

凉拌苣荬

⏱ 5 分钟
🔺 酸辣
☺ ★★★

本品有促进排毒的作用。其中的苣荬有清热利湿、通利大小肠等作用，对于便秘、痔疮有一定的防治作用。

主料
苣荬 300 克

配料
盐 3 克
味精 1 克
白醋 5 毫升
酱油 5 毫升
干红椒 15 克
食用油适量

做法

1. 苣荬洗净；干辣椒洗净，切斜段。

2. 锅内注水烧沸，放入苣荬焯熟后，捞起沥干并装入盘中备用。

3. 锅中加油烧热，下入干辣椒，加入盐、味精、白醋、酱油炝匀；最后将炒好的调味汁淋在苣荬上即可。

小贴士
苣荬较老的根茎要摘除，烂叶子也不要。

凉拌金针菇

⏱ 6 分钟
清爽
☺ ★ ★

本品有补充水分、对抗皮肤衰老、防皱去皱等作用。其中的金针菇能增强机体的免疫力，促进新陈代谢；黄瓜有补水作用；黄花菜能提供多种氨基酸，有助于维持肌肤弹性。

主料

金针菇 200 克
黄瓜 100 克
黄花菜 50 克

配料

盐 3 克
味精 1 克
酱油 5 毫升
白醋 8 毫升
香油 5 毫升

做法

1. 金针菇、黄花菜洗净焯熟；黄瓜洗净，切丝。

2. 将黄瓜丝放入盘中，再放入焯熟的金针菇、黄花菜。

3. 用盐、味精、酱油、白醋、香油调成调味汁，浇在金针菇上面即可。

小贴士

洗金针菇时尽量拨开它，食用起来比较方便。

芦笋炒虾仁

⏰13分钟
🔥鲜香
☺★★

本品有清热祛火、促进排毒、淡斑祛斑等作用。其中的芦笋是一种低热量、高营养价值的蔬菜，富含抗氧化剂，有保持皮肤光泽的作用。

主料
芦笋 200 克
虾仁 200 克

配料
盐 3 克
味精 1 克
料酒 10 毫升
白醋 8 毫升
食用油适量

做法
1. 芦笋洗净，切成斜段；虾仁洗净，去泥肠，用热水氽过后，捞起沥干备用。
2. 炒锅置于火上，注油烧热，下料酒，放入虾仁翻炒至熟后，加入盐、白醋与芦笋一起翻炒。
3. 再加入味精调味，起锅装盘即可。

小贴士
芦笋头部营养更丰富，不可扔掉，但老根需要丢弃。

蜜汁醉枣

🕐 18分钟
🍽 甘甜
☺ ★★

本品具有健脾益胃、补中益气、补血养颜的作用。其中的红枣含较多的铁和维生素 C，对预防贫血很有好处，尤其适合女性食用。

主料

红枣 20 颗
糯米粉 50 克

配料

白糖 20 克
蜂蜜 20 毫升

做法

1. 红枣洗净，去核；糯米粉用凉水和成面团，用刀切成与红枣大小相同的段，将糯米段逐一塞入红枣内。

2. 将塞入糯米段的红枣放入蒸锅蒸熟后，取出放入盘中。

3. 将白糖、蜂蜜与凉开水调成汁，浇在红枣上即可。

小贴士

挑选红枣时要挑果肉饱满、果皮没有发黑的。

黑木耳炒鸡蛋

🕐 9分钟
🧂 鲜香
😊 ★★

本品具有补血养颜、除皱防皱、保持肌肤弹性等作用。其中的鸡蛋富含优质蛋白质，有助于维持肌肤弹性；黑木耳富含铁元素，有补血养颜的作用。

主料
鸡蛋 4 个
水发黑木耳 20 克

配料
葱 5 克
盐 3 克
食用油适量

做法

1. 鸡蛋打入碗中，加少许盐搅拌均匀；黑木耳洗净，切碎；葱洗净，切成葱花。

2. 锅中加油烧热，下入鸡蛋液炒至凝固后，盛出；原锅再加油烧热，下黑木耳炒熟，加剩余盐调味，倒入炒好的鸡蛋炒匀，加葱花即可。

小贴士
炒鸡蛋时不宜放鸡精或味精，以免影响其鲜味。

木瓜炒绿豆芽

本品具有预防色素沉着、促进排毒、美白养颜的作用。其中的木瓜、绿豆芽皆含有丰富的维生素 C、膳食纤维，尤适合爱美的女性食用。

主料

木瓜 250 克
绿豆芽 200 克
黄瓜 80 克
橙子 100 克
红椒 10 克

配料

盐 3 克
香油 10 毫升
味精 2 克
食用油适量

做法

1. 将木瓜去皮，去籽，洗净，切成小长条备用；绿豆芽洗净，掐去头尾备用；橙子切片摆盘；黄瓜、红椒洗净切片摆盘。

2. 炒锅内放油烧热，加入木瓜和绿豆芽，并放入盐和味精，一起翻炒至熟后淋上香油，即可装盘。

小贴士

木瓜去籽后如果太黏滑，可以用水冲一下木瓜，用刀切时就不易滑。

南乳炒莲藕

🕐 10 分钟
🗑 爽脆
☺ ★★★

本品具有健脾开胃、补血止血的作用。其中的莲藕有助于清除人体毒素，此外，莲藕含铁量较高，有助于预防贫血，尤其适合女性食用。

主料

莲藕 500 克
南乳 50 克
青椒 50 克

配料

香油 10 毫升
盐 3 克
酱油 5 毫升
味精 2 克
食用油适量

做法

1. 莲藕去皮，洗净，切成薄片；青椒洗净，切小块。

2. 锅烧热放油，加入藕片、青椒翻炒。

3. 南乳搅拌均匀，倒进炒锅，再加入盐、味精、香油、酱油，炒匀、炒熟即可。

小贴士

烹饪莲藕时忌用铁器，以免莲藕发黑。

柠檬煎鸡

⏰ 13 分钟
🔺 香酥
☺ ★★★

本品具有防止和消除皮肤色素沉着的作用，有助于使肌肤白皙。其中的柠檬汁含有独特的果酸，有助于软化角质层，令皮肤变得白嫩而富有光泽。

主料
鸡肉 300 克
柠檬汁 50 毫升

配料
蛋黄 30 克
盐 3 克
水淀粉 10 毫升
白糖 5 克
白醋 5 毫升
食用油适量

做法
1. 鸡肉洗净，切片，加蛋黄、盐、水淀粉拌匀。
2. 油锅烧热，放入鸡肉，煎熟，出锅装盘。
3. 锅内放入适量清水，加入柠檬汁、白糖、白醋烧开，用水淀粉勾芡，出锅浇在鸡肉上即可。

小贴士
鸡肉本身含有丰富的谷氨酸钠，所以在烹制的时候不需要放鸡精。

糯米红枣

本品具有补血养颜的作用。其中的红枣富含铁和维生素 C，有预防贫血的作用，尤其适合女性食用，此外，红枣各种维生素含量较高，有"天然维生素丸"的美誉。

主料
红枣 30 颗
糯米粉 150 克

配料
白糖 10 克
淀粉 5 克
香菜适量

做法

1. 红枣洗净晾干，取出枣核；香菜洗净。

2. 糯米粉用温水和少许白糖拌成粉团，填进红枣捏紧；蒸锅放水煮开，放糯米红枣，蒸 15 分钟取出。

3. 用淀粉加水、剩余白糖煮成芡汁，淋在红枣上，放上香菜即可。

小贴士
糯米粉不易消化，晚上尽量不要多吃本品。

葱拌银鱼

⏱ 10 分钟
🔺 酸辣
☺ ★

本品具有补虚健胃的作用。其中的银鱼优质蛋白质含量丰富，营养价值极高，既可作为女性的滋补佳品，又可用来滋润肌肤。

主料

银鱼 250 克
葱 15 克

配料

盐 3 克
味精 1 克
白醋 6 毫升
酱油 5 毫升
红椒 10 克

做法

1. 银鱼洗净；红椒洗净，切丝，用沸水焯一下；葱洗净，切段。

2. 锅内注水烧沸，放入银鱼氽熟后，捞起沥干装入盘中，再放入红椒、葱段。

3. 加入盐、味精、白醋、酱油拌匀即可。

小贴士

也可根据自己的口味撒上梅汁、白糖等，别有风味。

青豆牛肉丁

⏰ 14分钟
🧂 鲜辣
😊 ★★

本品具有抗氧化、抗衰老的作用。其中的青豆富含植物蛋白质、B族维生素等营养成分，有滋补、保持肌肤弹性等作用，对肌肤有一定的滋润作用。

主料

牛肉 300 克
青豆仁 100 克

配料

盐 3 克
味精 3 克
白醋 5 毫升
酱油 3 毫升
料酒 5 毫升
干辣椒 15 克
食用油适量

做法

1. 牛肉洗净，切成丁；干辣椒洗净，切段；青豆仁洗净。

2. 锅内注油烧热，下牛肉炒至快熟时，加入盐、白醋、酱油、料酒。

3. 放入青豆仁、干辣椒一起翻炒至熟，加入味精调味即可。

小贴士

青豆提前泡发一会，更容易炒熟。

青椒肉丝

本品具有抗皱除皱、维持皮肤弹性和保持皮肤水润的作用。其中的青椒维生素 C 含量高，有助于抗疲劳；猪肉可提供铁质，有改善贫血、红润肌肤的作用。

主料

猪肉 300 克
青椒 75 克

配料

盐 3 克
料酒 5 毫升
面酱 10 克
酱油 3 毫升
淀粉 5 克
食用油适量

做法

1. 将猪肉、青椒洗净，切成丝，肉丝加少许酱油、料酒和盐拌匀，裹上少许淀粉待用。

2. 将剩余酱油、剩余料酒、面酱和剩余淀粉调成调味汁。

3. 锅中注油烧热，下肉丝滑散，再放入青椒丝炒片刻，倒入调味汁，翻炒均匀，起锅装盘即成。

小贴士

青椒切斜细丝更好，更易入味。

清炒苦瓜

🕐 11 分钟
🔺 清香
☺ ★★

本品具有清热解毒、清心明目等功效。其中的苦瓜维生素 C 的含量居瓜类之冠，对肌肤大有裨益，此外还含有粗纤维等营养物质，有助于排毒。

主料
苦瓜 250 克

配料
盐 3 克
鸡精 3 克
红椒 15 克
食用油适量

做法

1. 将苦瓜洗净，纵向切成两半，去瓤，再切片；红椒洗净，切菱形片。

2. 锅内注油烧热，放入苦瓜片，用大火快炒 5 分钟。

3. 再加入红椒、盐和鸡精，转中火炒匀，盛出装盘即可。

小贴士

苦瓜切好后，放在盐水里浸泡 10 分钟，可有助于去除苦味。

清炒西蓝花

⏱ 5分钟
⚠ 清香
☺ ★★

本品具有滋润肌肤、减少皱纹的作用。其中的西蓝花含有丰富的维生素C，能提高肝脏的解毒能力，提高机体免疫力。

主料
西蓝花 500 克
胡萝卜 50 克

配料
香油 10 毫升
盐 3 克
味精 2 克
食用油适量

做法

1. 西蓝花洗净，撕成小朵待用；胡萝卜洗净，切成片。

2. 锅中加入适量清水烧沸，下入西蓝花焯至变色后，捞出沥干水分。

3. 锅烧热加油，放进西蓝花、胡萝卜滑炒，炒熟后下盐、味精炒匀，浇上香油后装盘即可。

小贴士
西蓝花焯水时间不要太长，1 分钟就可以了。

清蒸鲈鱼

⏱ 25 分钟
⚖ 鲜香
☺ ★★★

本品具有改善肤质的作用。其中的鲈鱼不但味道鲜美，而且富含蛋白质、维生素 B_2 等营养成分，有和五脏、益筋骨、补脾胃的功效，是保健滋补佳品。

主料

鲈鱼 1 条

配料

盐 3 克

鸡精 3 克

酱油 5 毫升

姜 10 克

葱白 20 克

小茴香 10 克

做法

1. 鲈鱼收拾干净，用刀在鱼身两侧划几道斜刀花；姜洗净，切丝；葱白洗净，切丝；小茴香洗净切段。

2. 用盐抹匀鱼的里外，将葱白丝、姜丝，填入鱼肚内和撒在鱼肚外，放入蒸锅中，大火蒸 10 分钟。

3. 将鸡精、酱油调匀，浇淋在鱼身上，撒上小茴香段即可。

小贴士

将鲈鱼斜刀切花会使调料更好入味。

肉末豌豆

⏱ 20 分钟
🧂 咸香
😊 ★

本品具有和中益气、利小便、消肿等功效，有助于增强新陈代谢、美容养颜，是爱美女性护肤之佳品。

主料

豌豆 150 克
猪瘦肉 50 克
彩椒 50 克

配料

盐 3 克
味精 2 克
香油 10 毫升
酱油 10 毫升
淀粉 5 克

做法

1. 豌豆洗净，入沸水中焯烫后捞出；猪瘦肉洗净，切成粒，加淀粉、酱油腌 10 分钟；彩椒洗净，切小段。

2. 油锅烧热，下肉粒煸炒，再入豌豆、彩椒同炒片刻。

3. 加入盐、味精、香油炒匀即可。

小贴士

豌豆经沸水焯烫后更易入味。

肉末蒸丝瓜

15 分钟
鲜香
★★

本品具有补水保湿、防止皮肤衰老的作用。其中的丝瓜中含有防止皮肤衰老的维生素 B_1 和使皮肤白皙的维生素 C，有助于使皮肤洁白、细嫩。

主料

猪肉 30 克
丝瓜 200 克

配料

葱 8 克
蒜 20 克
红椒 8 克
盐 3 克
味精 2 克
香油 10 毫升
酱油 10 毫升

做法

1. 蒜、葱、红椒、猪肉均洗净，切碎；丝瓜洗净，去皮，切块。

2. 将丝瓜摆放在盘中，撒上蒜蓉、葱花、猪肉末、红椒碎。

3. 调入盐、味精、香油、酱油，上笼蒸熟即可。

小贴士

猪肉可以挑选五花肉，肥肉不要太多。

双椒双耳

⏱ 6 分钟
🔼 清爽
☺ ★★

本品具有滋润肌肤、养血驻颜、养阴清热等作用。其中的黑木耳是补血佳品；银耳含有天然植物性胶质，有润肤、祛除黄褐斑及雀斑的功效。

主料

水发黑木耳 80 克
水发银耳 80 克
青椒 30 克
红椒 30 克

配料

盐 3 克
味精 2 克
香油 5 毫升
白醋 3 毫升

做法

1. 黑木耳、银耳均洗净，焯水后撕小片捞出放碗中；青椒、红椒均洗净，切成圈，焯水。

2. 将白醋、香油、盐、味精、青椒、红椒一起拌匀，淋在双耳上即可。

小贴士

黑木耳、银耳焯水时间不宜过长，以免影响口感。

蜜汁雪莲

🕐 35 分钟
🧂 酸甜
☺ ★★★

本品具有补血止血、健脾益胃的作用。其中的白花藕口感甜脆，营养价值和药用价值都非常高，因其含铁量高，女性尤宜食用。

主料

白花藕 200 克

西红柿 20 克

配料

白糖 3 克

白醋 3 毫升

盐 3 克

做法

1. 白花藕去皮，切片，入清水中漂洗干净，再放入沸水锅中焯至断生捞出，放入冷开水浸泡至冷，捞出。

2. 将藕片加入白糖、白醋、盐，调好甜酸味后，腌制约 30 分钟。

3. 腌制好的藕片摆放于盘中；西红柿洗净，切丝，放在盘中装饰，再将腌制后的余汁淋上即成。

小贴士

白花藕要焯至能掐断，口感适中。

时蔬煎蛋

🕐 8分钟
△ 鲜香
☺ ★★

本品具有嫩化肌肤的作用，其中的鸡蛋富含优质蛋白质，有助于滋润肌肤；洋葱、节瓜、胡萝卜、蘑菇等含维生素种类较为齐全，可为肌肤"注入活力"。

主料

洋葱丁 20 克
节瓜丁 25 克
胡萝卜丁 35 克
蘑菇丁 35 克
鸡蛋 3 个

配料

胡椒粉 3 克
盐 3 克
食用油适量

做法

1. 鸡蛋打散，加盐、胡椒粉搅匀；油锅烧热，倒入其余主料，炒软，盖上锅盖焖一下。

2. 打开锅盖，将材料拨至锅边，在空出来的地方再倒入油，放鸡蛋稍煎，再拌入其他主料煎成饼状；将蛋饼切块，装盘即可。

小贴士

除鸡蛋外的主料不宜炒太久，以免影响爽脆的口感。

双椒炒墨鱼

🕐 10 分钟
🌶 鲜辣
😊 ★★

本品有补益精气、收敛止血、美肤润肤的作用。其中的墨鱼可滋阴养血，尤其适合女性食用。

主料

墨鱼 200 克
青椒 25 克
红椒 25 克

配料

盐 3 克
料酒 10 毫升
香油 10 毫升
辣椒粉 5 克
食用油适量

做法

1. 墨鱼洗净，打上花刀，汆水后捞出，切片；青椒、红椒均洗净，切片。
2. 油锅烧热，放入墨鱼煸炒，再入青椒、红椒翻炒，加入辣椒粉炒片刻。
3. 调入盐、料酒炒匀，淋入香油即可。

小贴士

墨鱼打上花刀更易入味、更美观。

双椒黑木耳

🕐 6 分钟
🌶 香辣
😊 ★ ★ ★

本品具有补铁补血、使肌肤红润的作用。其中的黑木耳中铁含量极为丰富，有助于养血驻颜，爱美女性可常食。

主料

黑木耳 200 克

青椒 50 克

红椒 50 克

配料

泡椒 20 克

盐 3 克

味精 3 克

醋 10 毫升

香油 10 毫升

做法

1. 黑木耳洗净泡发；青椒、红椒均洗净切成小片。

2. 把洗净切好的主料放入开水中焯熟，捞起沥干水。

3. 把焯熟的主料与配料一起拌匀装盘即可。

小贴士

黑木耳焯水不宜过久，以免影响口感。

爽口鸡

本品肉质细嫩,滋味鲜美,具有益五脏、增气力、强筋骨、补虚损的功效,对于营养不良、贫血、体质虚弱者有较好的调理作用,尤适合女性食用。

主料
鸡肉 400 克
熟白芝麻 15 克

配料
葱 5 克
盐 3 克
白醋 3 毫升
酱油 5 毫升
味精 3 克
红油 2 毫升

做法

1. 鸡肉洗净切条;葱洗净,切碎;锅注水烧沸,放入切好的鸡肉条煮熟,捞起沥干。

2. 用盐、味精、白醋、酱油、红油调成调味汁,浇在鸡肉上,撒上熟白芝麻、葱花即可。

小贴士
选用一年生草鸡来烹制,口感更佳。

爽口藕片

本品具有排毒养颜、嫩化肌肤、美容祛痘的作用。其中的莲藕有健脾、通便的作用，有助于排泄体内废物和毒素，经常食用还能清热祛痘，保持皮肤光洁。

主料

莲藕 300 克

配料

青椒 5 克

红椒 10 克

盐 3 克

味精 2 克

香油 10 毫升

白醋 8 毫升

香菜 5 克

做法

1. 莲藕洗净，去皮，切成片，放入开水中焯熟，捞出，沥干水分，装盘；青椒、红椒洗净，去籽，切成圆圈，放入水中焯一下；香菜洗净切段。

2. 盐、味精、香油、白醋调成调味汁。

3. 将调味汁淋在莲藕上拌匀，撒上青椒、红椒圈、香菜段即可。

小贴士

青椒、红椒、莲藕搭配起来可增加菜品的口感与美感。

水晶酿鳕鱼

🕐 17分钟
🗍 清香
😊 ★★★

本品有嫩白肌肤的作用。其中的鳕鱼蛋白质含量非常高，有助于维持肌肤弹性，预防肌肤衰老；油菜中含有抵御皮肤过度角质化的成分，美容效果较好。

主料
鳕鱼 100 克
豆腐 100 克
上海青 200 克
香菇 1 朵

配料
盐 3 克
酱油 5 毫升
料酒 5 毫升
青椒粒 15 克
红椒粒 15 克

做法
1. 鳕鱼收拾干净，剁成泥，加少许盐、少许酱油腌制入味；豆腐洗净，切块；上海青洗净，去叶取根部；香菇洗净焯熟后摆盘。

2. 将鳕鱼泥与青椒、红椒粒置于豆腐块上，再排上上海青，入蒸锅中蒸熟后取出。

3. 再用剩余盐、酱油、料酒调成汁，浇在鳕鱼上即可。

小贴士
也可将豆腐焯水之后再烹饪，有助于去除豆腥味。

丝瓜炒豆腐

⏱ 13分钟
🏔 清爽
😊 ★★

本品具有美白嫩肤、为肌肤补水的作用。其中的丝瓜含有使皮肤白皙的维生素 C，丝瓜汁有"美人水"之誉；豆腐含有大量植物蛋白质，有抵抗肌肤衰老的功效。

主料

丝瓜 200 克
豆腐 100 克
猪肉 50 克

配料

彩椒 10 克
淀粉 10 克
盐 3 克
味精 3 克
食用油适量

做法

1. 猪肉洗净，切片，放少许盐、淀粉抓匀；丝瓜去皮，洗净，切斜片；豆腐、彩椒洗净，切片。

2. 油锅烧热，放豆腐，煎至表皮金黄色时，捞出，入彩椒、猪肉爆香，盛出。

3. 锅内留油，入丝瓜炒熟，加豆腐、彩椒、猪肉炒匀，入剩余盐、味精调味即可。

小贴士

豆腐焯过之后再煎不易碎。

丝瓜毛豆

🕐 10分钟
🧂 咸香
☺ ★★

本品有嫩白肌肤、排出毒素、预防色斑的作用。其主料丝瓜可补水、解毒、润肤美容、通经络、行血脉；毛豆膳食纤维含量丰富，有助于促进肠道蠕动，促进排便。

主料

丝瓜 250 克
猪肉 180 克
毛豆仁 100 克

配料

红椒 4 克
盐 3 克
味精 2 克
淀粉 10 克
酱油 10 毫升
食用油适量

做法

1. 丝瓜去皮洗净，切斜块；红椒洗净，切斜片；猪肉洗净，切片，放少许盐、淀粉抓匀；毛豆仁洗净。

2. 油锅上火，入肉片爆炒，至肉色微变色，入红椒、毛豆仁、丝瓜炒匀。

3. 加水焖 2 分钟，加剩余盐、味精、酱油调味，盛盘即可。

小贴士

焖的时候不能加太少水，否则容易干锅。

四宝西蓝花

⏱ 16分钟
🔥 鲜爽
🙂 ★★★

本品具有滋润肌肤的作用。其中的西蓝花含有丰富的维生素 C，有嫩白肌肤的作用；滑子菇含有粗纤维，有促进排便的作用；虾仁含丰富蛋白质，有助于维持肌肤弹性。

主料

西蓝花 400 克
滑子菇 50 克
蟹柳 50 克
虾仁 25 克
鸣门卷 20 克
榨菜 10 克

配料

盐 3 克
胡椒粉 5 克
水淀粉 5 毫升
食用油适量

做法

1. 西蓝花洗净，掰成朵，焯水后，沥干；蟹柳切段；鸣门卷切片；虾仁、滑子菇洗净。

2. 油锅烧热，下西蓝花、滑子菇、蟹柳、鸣门卷和虾仁同炒，加榨菜、盐、胡椒粉、少许清水炒匀，以水淀粉勾芡，出锅装盘即成。

小贴士

炒制时要加少许水，菜品口感会更滑嫩。

四季豆牛肉片

⏱ 25 分钟
🍲 鲜嫩
😊 ★★

本品具有光滑肌肤、补益气血的作用。其中的四季豆含有丰富的膳食纤维，有助于吸附滞留在肠道中的有害物质，促进排毒；牛肉富含优质蛋白质，有助于修复肌肤组织，抵抗肌肤衰老。

主料
牛肉 250 克
四季豆 250 克

配料
蒜 20 克
黑椒粉 5 克
酱油 10 毫升
淀粉 5 克
盐 3 克
食用油适量

做法
1. 牛肉洗净，切片，用酱油、淀粉、食用油拌匀腌制15 分钟。
2. 四季豆洗净切丁，入沸水中焯熟后，捞出；蒜去皮，切成片。
3. 油锅烧热，放入蒜片炝香，放牛肉片炒至变色，再将四季豆放入一起炒匀，放入黑椒粉和盐，炒匀即可。

小贴士
四季豆一定要熟透了再吃，预防中毒。

四喜豆腐

⏰ 6 分钟
🅰 香嫩
☺ ★ ★

本品具有美白嫩肤、滋润肌肤的作用。其中的豆腐优质蛋白质含量高，且属于完全蛋白质，营养价值较高，是体虚者、肥胖者和皮肤粗糙者的理想食品。

主料

豆腐 200 克
皮蛋 50 克
香菜 30 克
橙子 50 克

配料

葱 30 克
蒜 30 克
香油 10 毫升
盐 3 克

做法

1. 橙子切片摆盘；豆腐洗净，入盐沸水中焯熟，使豆腐入味，捞起沥干水，晾凉后切成四大块，装盘摆好。

2. 香菜洗净，切碎；皮蛋剥壳切成粒；蒜去皮剁成蓉；葱洗净切成葱花。

3. 分别把香菜、皮蛋、蒜蓉、葱花摆放在四块豆腐上，淋上香油即可。

小贴士

可根据个人口味，在四块豆腐上添加不同的食材。

松子仁玉米

⏰ 9分钟
⚖ 香甜
☺ ★★

本品具有防皱抗衰、润肤美颜、促进排毒的作用。其中的玉米维生素、膳食纤维含量均很高，有刺激胃肠蠕动、加速粪便排泄的作用；松子仁中含有亚油酸，可滋润皮肤，增加肌肤弹性。

主料

玉米粒 400 克
熟松子仁 25 克
胡萝卜 25 克
彩椒 20 克
黄瓜 20 克
青豆仁 25 克

配料

盐 3 克
白糖 5 克
鸡精 2 克
水淀粉 10 毫升
食用油适量

做法

1. 胡萝卜洗净，切丁；青豆仁、玉米粒均洗净，焯水，捞出沥水；黄瓜、彩椒分别洗净切片，摆盘。

2. 油锅烧热，放入胡萝卜丁、玉米粒、青豆仁炒熟，加入盐、白糖、鸡精炒匀，用水淀粉勾芡后装盘，撒上松子仁即可。

小贴士

鲜嫩的玉米粒口感更好，也可用罐装玉米粒代替。

蒜香黑木耳

本品具有养血润肤、滋补抗衰的作用。其中的野生黑木耳含铁量丰富，有助于养血驻颜，令人肌肤红润，尤其适合女性食用。

主料

蒜 30 克
野生黑木耳 200 克
香菜 20 克
红椒 30 克

配料

香油 10 毫升
盐 3 克
味精 3 克
食用油适量

做法

1. 野生黑木耳洗净，用温水泡发，撕小片，放开水中焯熟，捞起沥干水，装盘晾凉。

2. 蒜去皮，切成片；红椒洗净，切小片；香菜洗净，切碎。

3. 锅烧热下油，放红椒、蒜片、香菜，炝香，盛出后与调味料拌匀，淋在黑木耳上即可。

小贴士

黑木耳焯一下再烹饪，口感更爽脆。

蒜香豌豆荚

本品具有调和脾胃、通利大便的作用。其中的豌豆荚富含粗纤维，有助于促进肠道蠕动，促进排便，清洁肠道，从而及时排出体内毒素，预防色斑。

主料

豌豆荚 250 克
红椒 20 克
蒜 30 克
圣女果 2 颗

配料

香油 10 毫升
味精 3 克
盐 3 克
食用油适量

做法

1. 圣女果洗净对切，摆盘；将豌豆荚洗净，改刀，入水焯熟，捞出摆盘；蒜去皮，剁成蒜泥；红椒洗净，切成丝。

2. 锅烧热下油，把蒜泥、红椒丝炝香，盛出后和盐、味精、香油一起拌匀，淋在豌豆荚上即可。

小贴士

蒜在去皮前用刀拍一下更好剥皮。

彩椒拌金针菇

⏱ 6 分钟
🧂 鲜香
☺ ★★★

本品具有抵抗衰老、滋润肌肤的作用。其中的金针菇氨基酸种类与人体需要接近，有助于抵抗疲劳、抗菌消炎，尤其适合体虚的女性食用。

主料

金针菇 500 克
彩椒 50 克

配料

盐 3 克
味精 2 克
香菜 10 克
酱油 5 毫升
香油 3 毫升

做法

1. 金针菇洗净，去须根；彩椒洗净，切丝备用；香菜洗净，切成段。

2. 将备好的主料放入开水稍焯，捞出，沥干水分，放入容器中。

3. 往容器里加盐、味精、酱油、香油搅拌均匀，装盘，撒上香菜段即可。

小贴士

金针菇放入开水焯的时间不宜过久。

芹菜炒红薯粉

⏱ 5分钟
🌶 香辣
☺ ★★

本品具有清肠排毒的作用。其中的芹菜富含膳食纤维，能吸走肠内水分和杂质，促进排毒；土豆虽然含有淀粉，但还含有能够产生饱腹感的膳食纤维，以其代替主食可起到减肥的作用。

主料
芹菜 150 克
土豆 100 克
红薯粉 100 克

配料
干辣椒 30 克
盐 3 克
香油 10 毫升
味精 2 克
食用油适量

做法

1. 土豆洗净，去皮切丝；芹菜洗净，切段；红薯粉泡发；干辣椒洗净。

2. 油锅烧热，下干辣椒爆香，放土豆丝、红薯粉和芹菜滑炒。

3. 炒至将熟时，下盐、味精，炒匀，淋上香油装盘即可。

小贴士
芹菜宜选择色泽较深、沟较窄的。

土豆小炒肉

⏱ 15 分钟
🧂 咸香
☺ ★

本品具有和胃调中、益气健脾、通便排毒等功效。其中的土豆含有粗纤维，有促进胃肠蠕动和加速胆固醇在肠道内代谢的功效，具有通便和降低胆固醇的作用。

主料

土豆 250 克
猪肉 100 克

配料

青椒 10 克
红椒 10 克
盐 3 克
水淀粉 10 毫升
酱油 10 毫升
食用油适量

做法

1. 土豆洗净，去皮，切小块；青椒、红椒洗净，切菱形片。

2. 猪肉洗净，切片，加少许盐、水淀粉、少许酱油拌匀备用。

3. 油锅烧热，入青椒、红椒炒香，放肉片煸炒至变色，放土豆炒熟，放入剩余酱油、剩余盐调味。

小贴士

出芽的土豆、皮变绿的土豆坚决不能食用，易导致食物中毒。

娃娃菜拌海蜇

⏱ 7 分钟
🔺 爽脆
☺ ★ ★

本品具有排毒瘦身、美白肤色的作用。其中的娃娃菜维生素 C、矿物质含量高，有助于防治黄褐斑；海蜇含有多种维生素，可以清肠胃，保持身体健康。

主料
娃娃菜 150 克
海蜇 150 克

配料
盐 3 克
味精 3 克
香油 3 毫升
红椒丝 30 克
香菜 5 克

做法

1. 娃娃菜洗净，焯水后捞出，切丝；海蜇处理干净，氽水后捞出，切丝；香菜洗净切段。

2. 红椒丝与娃娃菜、海蜇同拌，调入盐、味精拌匀。

3. 淋入香油，撒上香菜段即可。

小贴士
可根据个人口味，加入少许白醋更美味。

蛤蜊蒸鸡蛋

⏱ 20 分钟
△ 鲜香
☺ ★★★

本品具有清热利湿、滋润肌肤的作用。其中的蛤蜊含有碘、钙、磷、铁等多种矿物质和多种维生素，滋补效果显著；鸡蛋含有优质蛋白质，有维持肌肤弹性的作用。

主料
蛤蜊 200 克
鸡蛋 4 个

配料

红椒粒 10 克
葱花 5 克
盐 3 克
香油 15 毫升

做法

1. 用刀把蛤蜊口打开，洗净；鸡蛋磕入碗中，搅打成蛋液。

2. 蛤蜊摆入碗中；鸡蛋加水、盐拌匀，倒入装有蛤蜊的碗中，再滴入香油，撒上葱花、红椒粒，放入锅中蒸 15 分钟即可。

小贴士

烹制时不要加味精，也不宜多放盐，以免影响蛤蜊的鲜味。

莴笋黑木耳

🕐 6分钟
🧂 酸爽
🙂 ★★

本品具有排毒净肤、养血驻颜的功效。其中的黑木耳除含铁量丰富外，还含有多种维生素，营养价值高，有补血、排毒之效；莴笋富含膳食纤维，有助于促进胃肠蠕动，预防便秘。

主料

黑木耳 250 克
莴笋 50 克
红椒 30 克

配料

白醋 10 毫升
香油 10 毫升
盐 3 克

做法

1. 将黑木耳洗净，泡发，切成大片，放开水中焯熟，捞起沥干水。

2. 莴笋去皮洗净，切薄片；红椒切块；将莴笋、红椒一起放开水中焯至断生，捞起沥干水。

3. 把黑木耳、莴笋片、红椒与配料一起装盘，拌匀即可。

小贴士

莴笋焯水不宜太久，避免维生素流失。

五彩拌菜

本品具有红润肤色、滋润肌肤、排出毒素、减肥瘦身等作用。其中的杏仁因富含油脂，还能润泽肌肤，促进皮肤微循环，使皮肤红润光洁。

主料

杏仁 50 克

玉米粒 50 克

红豆 50 克

四季豆 50 克

核桃仁 50 克

配料

盐 3 克

味精 1 克

白醋 6 毫升

红椒片 5 克

做法

1. 杏仁泡发，洗净；玉米粒、红豆均洗净；四季豆洗净，切段；核桃仁洗净。

2. 杏仁上锅蒸熟；玉米粒、红豆、四季豆分别在开水中煮熟，捞出过凉水，控干水分；红椒片在开水中稍微烫一下，捞出待用。

3. 将熟的杏仁、玉米粒、红豆、四季豆，加入核桃仁及盐、味精、白醋拌匀，撒上红椒片即可。

小贴士

玉米粒要挑选鲜嫩的，清香可口。

五彩什锦

⏰ 8 分钟
🔺 酸甜
☺ ★★

本品具有滋润皮肤、排出毒素的作用。其中的银耳可滋阴润肤，有助于祛除脸部黄褐斑、雀斑；黑木耳有助于补血补铁，红润肌肤；花生富含油脂，可润肤、通便；腐竹含植物蛋白质，有助于维持肌肤弹性。

主料

银耳 300 克
黑木耳 100 克
腐竹 50 克
花生仁 50 克

配料

红椒 5 克
香菜 5 克
盐 3 克
白糖 10 克
白醋 10 毫升
香油 5 毫升
食用油适量

做法

1. 将主料（除花生仁）和红椒洗净，改刀，入水中焯熟；香菜洗净切段。

2. 花生仁放在油锅中炒熟；将所有主料和红椒放入一个容器，加盐、白糖、白醋、香油等调味料搅拌均匀，撒上香菜段装盘即可。

小贴士

黑木耳在烹制之前，若用淘米水来泡发，会更肥大、松软，味道也更鲜美。

葱炒豆芽

清爽
★★

本品具有清洁排毒、利尿除湿的作用。其中的绿豆芽、青椒、红椒富含维生素 C；黑木耳含铁丰富；几种食材搭配不但口感佳，而且营养丰富。

主料

葱段 30 克
绿豆芽 40 克
水发黑木耳 50 克
青椒 10 克
红椒 10 克

配料

盐 3 克
味精 2 克
香油 8 毫升
食用油适量

做法

1. 绿豆芽洗净；黑木耳洗净，焯水，捞出沥水，切丝；青椒、红椒洗净，切成丝。
2. 油锅烧热，放入青椒、红椒炒香，接着放入切好的葱段、绿豆芽、黑木耳翻炒，再放入盐、味精、香油翻炒，装盘即可。

小贴士

炒绿豆芽时宜快速翻炒，以减少维生素的流失。

五色蒸南瓜

🕐 7 分钟
🌡 清爽
☺ ★ ★ ★

本品具有滋润肌肤、排除毒素的作用。其中的银耳、百合、枸杞子、白果有助于滋阴、养颜、抗衰老、预防肌肤干燥；西蓝花有助于补充维生素 C；南瓜富含果胶，有助于减肥。

主料

白果 100 克
百合 100 克
银耳 100 克
枸杞子 50 克
南瓜 200 克
西蓝花 250 克
清汤 100 毫升

配料

盐 3 克
水淀粉 5 毫升

做法

1. 主料均洗净；南瓜去皮切条；西蓝花切块；银耳、百合切片，与白果一起泡发。

2. 锅置火上，添入清汤，烧开后放入全部主料，调入盐，一起装盘，上笼蒸约 3 分钟，以水淀粉勾芡，即可取出食用。

小贴士

不宜选用外皮腐烂了的南瓜，因其内部含有大量的细菌。

西瓜炒鸡蛋

⏱ 8分钟
🍲 香甜
☺ ★★★

本品具有美白肌肤、增强皮肤弹性和水分的作用。其中的西瓜含有大量水分，可清热解暑，有助于保持肌肤水分，增强肌肤光泽；鸡蛋含蛋白质丰富，有助于维持肌肤弹性。

主料

西瓜 100 克
鸡蛋 3 个

配料

盐 3 克
葱 10 克
酱油 10 毫升
香油 10 毫升
食用油适量

做法

1. 葱洗净，切成碎末；鸡蛋打入碗中，加盐，用筷子沿顺时针方向搅拌均匀；西瓜用挖球器挖成小球。

2. 炒锅上火，下油烧至六成热，下蛋液炒散，炒至金黄色时，下入西瓜炒匀。

3. 再放入盐、酱油、香油调味，撒上葱花，盛盘即可。

小贴士

西瓜用挖球器挖出，水分流失更少。

西红柿西蓝花

⏱ 9分钟
🧂 咸香
😊 ★★

本品具有预防黑斑、雀斑，使皮肤白皙的作用。其中的西红柿和西蓝花均含有丰富的维生素 C，有助于预防色素沉着，美白肌肤。

主料
西红柿 100 克
西蓝花 300 克

配料
红油 5 毫升
香油 5 毫升
盐 3 克
味精 2 克
食用油适量

做法

1. 西蓝花、西红柿均洗净，切块。

2. 锅中加水烧沸，下入西蓝花焯至熟后，捞出沥水。

3. 锅烧热加油，放进西蓝花和西红柿滑炒，炒至将熟时，下红油、盐、味精，炒匀，浇上香油装盘即可。

小贴士

炒制的时间不宜过长，以减少维生素 C 的流失。

西蓝花虾仁

🕐 20 分钟
🔺 鲜香
☺ ★★★

本品具有美白肌肤、维持肌肤弹性的作用。其中的西蓝花含有丰富的维生素 C，有美白肌肤的作用；虾仁蛋白质含量丰富，有保持肌肤弹性的作用。

主料

西蓝花 250 克
虾仁 150 克

配料

葱 15 克
姜 10 克
料酒 10 毫升
盐 3 克
味精 2 克

做法

1. 葱洗净切段；姜洗净切片；西蓝花洗净，撕小朵；虾仁洗净，去头，加料酒、少许盐、葱、姜调匀腌制，然后拣出葱、姜。

2. 虾仁与西蓝花放碗中，加剩余盐及味精拌匀，入微波炉加热至熟即成。

小贴士

也可放少许白醋，可以让虾仁的色泽更鲜亮。

西芹腰果

<table>
<tr><td>🕐 12 分钟</td></tr>
<tr><td>📛 香脆</td></tr>
<tr><td>☺ ★★</td></tr>
</table>

本品具有润肠通便、排出毒素的作用。其中的西芹含有丰富的膳食纤维,清理肠道效果显著,是减肥和美容的"圣品";腰果含有丰富的油脂,可润肠通便、润肤美容、延缓肌肤衰老。

主料
西芹 150 克
腰果 50 克

配料
香油 20 毫升
盐 3 克
味精 3 克

做法

1. 西芹洗净,切片,放入开水锅中焯水后,捞出沥干。

2. 将腰果用香油炒至浅黄色捞出,晾凉。

3. 将西芹与盐、味精、香油拌匀,撒上腰果即可。

小贴士
炒腰果时用小火,以免炒焦。

虾米卷心菜

⏱ 8分钟
△ 清爽
☺ ★★

本品具有美白肌肤、排出毒素的作用。其主料卷心菜富含维生素 C、水分、膳食纤维,具有很强的抗衰老、美白、补水的功效,是女性的重要美容佳品,适合爱美女性常食。

主料
卷心菜 200 克
虾米 50 克

配料
盐 3 克
味精 3 克
香油 3 毫升
红椒 5 克
香菜叶 15 克

做法

1. 卷心菜洗净剥片,焯水后切细丝,沥干;虾米洗净,氽水后捞出;红椒洗净,切丝焯水。

2. 将卷心菜、虾米、红椒同拌,调入盐、味精拌匀。

3. 撒上香菜叶,淋入香油即可。

小贴士
卷心菜宜用淘米水洗后再用清水冲洗,这样能去除残余农药。

虾仁炒竹荪

🕐 16 分钟
🍴 清香
😊 ★★★

本品具有排毒抗皱的作用。其中的竹荪是高蛋白、低脂肪的保健食品；上海青富含维生素 C；虾仁富含优质蛋白质。三者搭配美容效果显著。

主料

竹荪 300 克
上海青 200 克
小虾仁 150 克

配料

盐 3 克
料酒 5 毫升
味精 3 克
水淀粉 10 毫升
食用油适量

做法

1. 竹荪泡发，洗净；小虾仁洗净，去泥肠，用少许盐、料酒腌制；上海青洗净，焯水后捞出摆盘。

2. 油锅烧热，放入小虾仁滑炒至熟，捞出；另起油锅，放入竹荪翻炒。

3. 竹荪炒至八成熟时，加入小虾仁炒匀，加剩余盐、味精调味，用水淀粉勾芡，装盘，盛在上海青上即可。

小贴士

干竹荪烹制前先用冷水洗净杂质，用温水泡软后去菌盖和菌柄，便可用于制作菜肴。

虾仁炒蛋

🕐 11 分钟
🎀 鲜香
😊 ★★

本品具有滋润肌肤、抵抗衰老、补益气血的作用。其中的虾仁、鸡蛋均是高蛋白食物，滋补效果显著，有助于使肌肤饱满紧致。

主料

虾仁 100 克
鸡蛋 3 个
春菜 20 克
苦瓜 30 克

配料

盐 2 克
鸡精 2 克
淀粉 10 克
食用油适量

做法

1. 苦瓜洗净切片，入沸水焯熟后沥干水分，摆盘；虾仁洗净，调入淀粉、少许盐、鸡精腌制入味；春菜去叶留茎，洗净切细片。

2. 鸡蛋打入碗，调入剩余盐拌匀。

3. 锅置火上，注少许油，倒入拌匀的蛋液，稍煎片刻，放入春菜、虾仁，略炒至熟，出锅即可。

小贴士

蛋液炒至呈金黄色时口感最好。

香菜胡萝卜丝

🕐 4 分钟
△ 爽脆
☺ ★ ★ ★

本品具有消食除胀、利膈宽肠、预防色斑的作用。其中的胡萝卜含有丰富的膳食纤维，有助于加强肠道蠕动，通便排毒。

主料

胡萝卜 500 克
香菜 20 克

配料

盐 3 克
酱油 8 毫升
香油 5 毫升

做法

1. 胡萝卜洗净，切丝；香菜洗净，切段备用。

2. 将胡萝卜丝放入开水稍烫，捞出，沥干水分，放入容器中。

3. 加入香菜，加盐、酱油、香油搅拌均匀，装盘即可。

小贴士

加入香菜不仅能增加香气，还有美观作用。

盐水虾

本品具有滋润肌肤的作用。其中的虾所含蛋白质是鱼、肉、蛋、奶类的数倍，还含有维生素 B_1、维生素 B_2、钙、铁、钾等营养素，滋补作用显著，有助于预防肌肤衰老。

主料

虾 400 克
黄瓜 20 克

配料

盐 3 克
葱 5 克
姜 5 克
花椒 5 克
八角 5 克

做法

1. 黄瓜洗净，切菱形片状，摆盘；虾去泥肠，去头，洗净待用；葱洗净切段；姜洗净切片。

2. 锅内添清水，放入虾，加所有配料煮熟，捞出虾，拣去花椒、八角、葱、姜。

3. 将汤汁过滤出来，放入虾浸泡 20 分钟，取出摆盘即可。

小贴士

用鲜活的小河虾来做，口感更鲜嫩。

洋葱拌西芹

⏱ 5 分钟
🍶 清爽
😊 ★★

本品具有美化肌肤、促进排毒的作用。其中的洋葱含有抗氧化剂硒，有助于消除自由基，增强细胞活力和代谢能力，预防肌肤衰老；西芹富含膳食纤维，有助于瘦身排毒。

主料

西芹 200 克
洋葱 100 克
圣女果 4 颗

配料

盐 3 克
味精 3 克
酱油 10 毫升
香油 10 毫升

做法

1. 西芹去叶，切段；洋葱洗净，切成丝；将切好的西芹、洋葱放开水中焯熟，捞出沥干水，装盘晾凉。

2. 圣女果洗净，对切成块，与西芹、洋葱一起装盘。

3. 把配料拌匀，淋入盘中即可。

小贴士

洋葱在快速焯一下后马上冲凉可以去除辛辣味。

洋葱鸡

本品具有益五脏、增气力、强筋骨、润肌肤的功效。其中的鸡肉是高蛋白、低脂肪的食物，是人体摄取蛋白质的最佳来源之一，女性宜多吃鸡肉。

主料

鸡肉 200 克
洋葱 10 克
葱 5 克

配料

盐 3 克
味精 3 克
白醋 3 毫升
酱油 3 毫升
香油 3 毫升

做法

1. 鸡去毛及内脏，洗净；葱、洋葱洗净摆盘。

2. 用盐、酱油调成汁，均匀地涂抹在鸡身，腌制 5 分钟后，将鸡放入蒸锅中蒸熟后拿出，切成块，并装入碗中，加入盐、味精、白醋、酱油、香油拌匀。

3. 沥干后摆盘，吃时搭配洋葱、葱即可。

小贴士

也可用炒制的方式烹饪本品。

洋葱核桃仁

⏱ 9 分钟
🥢 香脆
😊 ★★

本品具有抵抗肌肤衰老、抗氧化的作用。其中的洋葱含有抗氧化剂硒，有助于减轻自由基对肌肤的损伤；核桃仁富含亚油酸，有润肌肤、补肾气的作用。

主料

洋葱 50 克
核桃仁 300 克

配料

盐 3 克
味精 1 克
白醋 5 毫升
红椒 5 克
青椒 5 克

做法

1. 洋葱洗净，切成片，用沸水焯熟后待用；红椒、青椒洗净，均切片，用沸水焯熟后待用。
2. 将核桃仁放入盘中，加入焯好的洋葱片、红椒片、青椒片。
3. 加入盐、味精、白醋拌匀即可。

小贴士

也可撒入少许熟白芝麻，营养价值更高。

腰果炒肉丝

⏱ 10分钟
🧂 咸香
😊 ★★★

本品具有红润肌肤、排毒养颜、抵抗衰老的作用。其中的猪肉有补铁补血的功效；西芹有清肠排毒之效；腰果有润肠通便、润肤美容的作用。三者搭配尤其适合爱美的女性食用。

主料

猪瘦肉 80 克
腰果 100 克
西芹 80 克

配料

青椒丝 15 克
红椒丝 15 克
盐 3 克
味精 3 克
香油 10 毫升
葱段 10 克
食用油适量

做法

1. 猪瘦肉洗净，切丝；腰果洗净，入油锅中炒熟；西芹洗净，切段。

2. 油锅烧热，下肉丝炒至变白，再入西芹、青椒丝、红椒丝、葱段翻炒片刻，倒入腰果同炒。

3. 加盐、味精炒匀，淋入香油即可。

小贴士

腰果炒至呈金黄色时口感最好。

腰果虾仁

⏱ 12分钟
🔺 鲜香
☺ ★★★

本品具有滋润肌肤、排毒瘦身的作用。其中的虾仁富含优质蛋白质，有助于维持肌肤弹性；腰果中的油脂有助于润泽肌肤；西芹中的膳食纤维有助于吸附滞留在肠道中的毒素。

主料

虾仁 300 克
西芹 100 克
腰果 100 克
红椒 20 克

配料

盐 3 克
料酒 5 毫升
胡椒粉 5 克
水淀粉 10 毫升
食用油适量

做法

1. 虾仁洗净，去泥肠，用少许盐、料酒、胡椒粉腌制；西芹洗净，切段；红椒洗净，切片。

2. 油锅烧热，放入虾仁滑炒至熟，捞出；另起油锅，放入西芹、腰果、红椒，加剩余盐炒匀。

3. 炒至八成熟，放入虾仁同炒至熟，以水淀粉勾芡，装盘即可。

小贴士

虾仁一定要滑炒，否则影响口感，还会缩水变小。

西芹鳕鱼

⏱ 12 分钟
🍶 咸香
😊 ★ ★

本品具有滋润肌肤、排出毒素的作用。其中的鳕鱼蛋白质含量高，维生素、矿物质种类较为齐全，滋补效果显著；西芹富含膳食纤维，排毒瘦身效果显著。

主料

鳕鱼 300 克
西芹段 25 克
白果 50 克
胡萝卜片 25 克
鲜汤 100 毫升

配料

淀粉 15 克
料酒 10 毫升
盐 3 克
香油 5 毫升
食用油适量

做法

1. 鳕鱼收拾干净，切丁；用小碗加鲜汤、淀粉调制成芡汁。

2. 油锅烧热，下入鳕鱼丁，放西芹、白果、胡萝卜片煸炒，加入盐、料酒，浇入兑好的芡汁，翻炒均匀，淋入香油即可。

小贴士

放料酒可祛除鱼身上的腥味。

白菜拌粉丝

🕒 4 分钟
清爽
☺ ★ ★ ★

本品有排毒瘦身、使肌肤白皙的作用。其中的大白菜维生素 C 含量丰富，且富含粗纤维，能起到润肠通便、促进排毒、美白肌肤的作用。

主料

粉丝 100 克
大白菜 100 克
青椒 30 克
红椒 30 克
香菜少许

配料

盐 3 克
味精 2 克
白醋 5 毫升
香油 3 毫升

做法

1. 粉丝泡发，剪成小段；大白菜洗净，取梗部切成细丝；青椒、红椒洗净，去蒂，去籽，切成丝；香菜洗净，备用。

2. 将大白菜梗丝、粉丝和青椒丝、红椒丝均下入沸水中焯烫至熟后，捞出装盘。

3. 所有配料一起搅匀后，浇入盘中拌匀，撒上香菜即可。

小贴士

大白菜焯烫时间不宜过久，避免维生素 C 流失。

银鱼炒鸡蛋

⏱ 9 分钟
△ 鲜香
☺ ★★

本品有滋润肌肤、修复组织损伤的作用。其中的银鱼、鸡蛋均属于高蛋白食物，是上等的滋补品，且鸡蛋中的色氨酸与酪氨酸可以帮助人体抗氧化，预防肌肤衰老。

主料

银鱼 80 克
鸡蛋 3 个

配料

盐 3 克
香油 10 毫升
葱花 5 克
红椒末 5 克
食用油适量

做法

1. 银鱼洗净；鸡蛋磕入碗中，加葱花、红椒末搅匀。

2. 油锅烧热，下银鱼滑炒至熟，盛出；再热油锅，倒入鸡蛋液炒片刻。

3. 倒入银鱼同炒，调入盐炒匀，淋入香油即可。

小贴士

炒制时宜用中火，避免鸡蛋炒焦。

鱼丸蒸鲈鱼

⏱ 20 分钟
🔺 鲜美
☺ ★★

本品具有补五脏、益筋骨、健脾胃、治水气的功效，滋补效果显著。女性常吃鲈鱼有助于改善气色。

主料
鲈鱼 1 条
鱼丸 100 克

配料
盐 4 克
酱油 4 毫升
葱丝 10 克
姜丝 8 克
红椒丝 5 克

做法
1. 鲈鱼收拾干净；鱼丸洗净，在开水中汆一下，捞出。
2. 用盐抹匀鱼的里外，将葱丝、姜丝、红椒丝，填入鱼肚内和撒在鱼肚外，将鱼和鱼丸一起放入蒸锅中蒸熟；再将酱油浇淋在蒸好的鱼身上即可。

小贴士
鲈鱼最好的烹饪方式是清蒸，营养成分得以最大程度的保留。

芝麻海藻

⏱ 8 分钟
🔥 清香
😊 ★★★

本品具有防皱抗皱、补水、使肌肤光洁的作用。其中的海藻含蛋氨酸、胱氨酸丰富，常食对肌肤有好处，另外还含丰富的维生素、矿物质，有助于维护上皮组织，预防色斑。

主料
海藻 300 克
熟白芝麻 10 克

配料
青椒 15 克
红椒 15 克
盐 3 克
蚝油 10 毫升

做法
1. 海藻浸洗干净，除去根和沙石，放入开水中焯熟，沥干水分，盛盘。
2. 青椒、红椒洗净，切丝，入水中焯一下；将海藻、青椒、红椒、盐、蚝油一起拌匀，撒上熟白芝麻即可。

小贴士
清洗海藻时要多清洗几次，隐藏的沙石不易清洗干净。

芝麻墨鱼仔

⏱ 12 分钟
🧂 咸香
☺ ★★★

本品具有补益气血、预防色斑的作用。其中的墨鱼除了含有大量优质蛋白质之外，还含有多种维生素及钙、磷、铁、B 族维生素，滋补效果显著，抗皱效果明显。

主料

墨鱼仔 500 克
白芝麻 50 克
圣女果 1 颗
莴笋片 20 克

配料

盐 2 克
味精 1 克
白醋 8 毫升
酱油 10 毫升
红椒 5 克
食用油适量

做法

1. 圣女果洗净对切，摆盘；莴笋片洗净，摆盘；墨鱼仔洗净；红椒洗净，切碎。

2. 锅内注水烧沸，放入墨鱼仔汆熟后，捞起沥干装盘。

3. 锅内注油烧热，放入白芝麻、红椒、盐、白醋、酱油、味精，炒匀后浇在墨鱼仔上即可。

小贴士

墨鱼放碱水中浸泡可以清洗得更加干净。

第二章

美肤养颜羹
吃出水嫩肌肤

羹是黏稠的浓汤，常由肉、菜及水淀粉勾芡调和而成。羹不仅鲜香美味，而且其养生和食疗作用更是众所周知。本章特意精选大量美肤养颜羹，配以详细的制作方法，教您在小火慢煮下，熬出美味羹，吃出健康好肤色。

养颜羹中的 8 大主角

女性要有好气色需要滋阴补血，气血足的女性才能由内而外地散发着美丽。每天一碗养颜羹，益气补血、滋阴补虚、宁心安神，让您容颜不衰。下面就介绍几种养颜羹中常见的滋补佳品。

1 百合

百合鲜品除了富含B族维生素、维生素C以外，还含有多种生物碱，具有养阴润肺、清心安神之功效，是营养滋润、美容护肤的佳品，养颜羹首选。

3 豆腐

豆腐里的优质蛋白质含量使之成为谷物很好的补充食品，而且豆腐脂肪的78%是不饱和脂肪酸，并且不含有胆固醇，素有"植物肉"之美称。豆腐能保湿和嫩白肌肤，所含有的植物雌激素能保护细胞不被氧化，若外用能直接锁住肌肤表层水分，让皮肤细腻动人。

2 玫瑰花

玫瑰花含有多种微量元素，维生素C含量高，而且可制作各种茶点，如玫瑰羹、玫瑰糕、玫瑰茶、玫瑰酒等，常食玫瑰制品可以疏肝醒胃、行气活血、美容养颜、美丽动人。

4 银耳

银耳颜色洁白，热量低，含有丰富的胶质、维生素、氨基酸以及膳食纤维，入口顺滑、口感鲜脆、汤中带胶、清爽可口。既有补脾开胃的功效，又有益气清肠、滋阴润肺的作用。银耳富有天然植物性胶质，加上其具有滋阴的作用，是可以长期服用的良好润肤食品。

5 莲子

莲子的营养价值较高，含有丰富的蛋白质、碳水化合物、钙、磷、钾等。且其具有益心补肾、健脾止泻、固精安神的功效，尤其适宜更年期女性食用，不仅可健脑、增强记忆力，还能安神，帮助睡眠。

7 鸡蛋

鸡蛋具有滋阴润燥、补心宁神、养血安胎的功效，它是养颜羹中最受欢迎的"宠儿"。而且鸡蛋中含有大量的硒元素，它可以帮助您在面部构筑起一个天然的"防晒保护层"，有效减轻阳光对皮肤的伤害。

6 红枣

红枣为鼠李科植物枣的成熟果实，自古以来就被列为"五果"（桃、李、梅、杏、枣）之一，历史悠久。红枣最突出的特点是维生素含量高，有"天然维生素丸"的美誉，具有补脾和胃、益气补血的功效，女性要养气血每天最好吃3颗红枣。

8 牛奶

牛奶是天然饮料之一，被誉为"白色血液"，对人体的重要性可想而知。其所含的营养丰富，具有补虚损、益肺胃、生津润肠的功效。在养颜羹制作时搭配其他食材，其滋养肌肤、美白滋润的效果更明显。

青菜豆腐羹

- ⏱ 20 分钟
- ⚱ 醇香
- ☺ ★★

本品具有补中益气、养阴润肺等作用。其主料豆腐含大豆蛋白、植物雌激素，对女性有益，搭配青菜做羹，常食可使肌肤润泽、皮肤白嫩、减少皱纹。

主料

豆腐 200 克
青菜 100 克
鲜鸡汤 100 毫升

配料

盐 3 克
香油 10 毫升

做法

1. 将豆腐洗净切成小块；将青菜去掉老梗，放入开水中氽后捞出，再用冷水冲凉，然后切碎备用。
2. 将鲜鸡汤烧开，加盐、豆腐块煮开。
3. 最后放入切碎的青菜，再淋上香油即可关火。

小贴士

将青菜去掉老梗再烹饪，味道会更好。

鲍鱼米羹

⏱ 40 分钟
🍲 咸香
😊 ★★★

本品具有补血养颜、紧致肌肤的作用。其中的鲍鱼含有丰富的蛋白质及钙、铁等营养素，可调经补血，益气强身，适合女性，尤其是容易贫血的女性食用。

主料

鲍鱼 100 克
红枣 10 克
大米 50 克
白菜 10 克

配料

盐 3 克
胡椒粉 3 克
香油 5 毫升
姜 5 克
葱花 5 克

做法

1. 鲍鱼去掉底面黑色后，去壳，去内脏，洗净切花片；白菜洗净，切丝；红枣洗净去核切成丝；姜洗净切丝。

2. 锅上火，放入适量清水，加入少许香油，水开后下大米、姜丝、红枣丝煮开，转小火熬煮。

3. 煮至大米软烂时，下入鲍鱼花片、白菜丝，继续煮约 3 分钟，调入盐、胡椒粉，撒上葱花即可离火。

小贴士

干鲍鱼应先用冷水浸泡 24 个小时，洗去泥沙，然后入开水中煮 1 ~ 2 个小时，再焖制 6 个小时即可泡发。

冰糖芦荟羹

⏱ 90 分钟
△ 甘甜
☺ ★★★

本品具有润肤护肤、抗菌消炎的作用。其中的芦荟有"天然美容师"之称，含有保湿功能因子甘露聚糖；樱桃含铁量位于水果之首，有助于补血补铁。

主料

芦荟 200 克
樱桃 1 颗

配料

冰糖 60 克

做法

1. 芦荟洗净，去皮，切成薄片，放入淡盐水中浸泡。

2. 樱桃洗净备用。

3. 将芦荟取出放入炖盅内，加水和冰糖煮 1 个小时，起锅后放入樱桃点缀即可。

小贴士

也可以用蜂蜜代替冰糖，美容养颜效果也不错。

木瓜莲子羹

⏱ 40 分钟
🍚 香软
☺ ★★

本品具有滋润抗皱、养心养颜的作用。其中的木瓜维生素 C 含量非常高，有保持肌肤弹性、使肌肤白皙的作用，与莲子搭配还具有养心安神、改善气色的作用。

主料

大米 90 克
莲子 30 克
木瓜 100 克

配料

盐 2 克
葱 10 克

做法

1. 大米、莲子提前泡发数小时，洗净；木瓜洗净，去皮切块。

2. 锅置火上，注入清水与大米煮至米粒开花后，加入木瓜、莲子一起焖煮。

3. 煮至浓稠时，调入盐，撒上葱花即可食用。

小贴士

本品宜熬到材料软烂、汤汁黏稠。

菠萝莲子羹

🕐 60 分钟
🔺 清香
☺ ★★

本品具有美容养颜、养心安神的作用。其中的菠萝有助于改善局部血液循环；莲子可清心火，祛除雀斑；党参可补中益气、养血生津。三者搭配，尤其适合爱美的女性食用。

主料
菠萝 50 克
莲子 100 克
党参 20 克

配料
盐 3 克
水淀粉 5 毫升
香油适量

做法

1. 党参泡软洗净；菠萝去皮，切小块。

2. 莲子洗净放碗中，加入清水，上蒸笼蒸至熟烂，加入党参，再蒸 20 分钟取出。

3. 锅内加清水，放入盐，下入菠萝、莲子、党参，连同汤汁一起下锅，烧开后用水淀粉勾芡，盛入碗内，淋入香油即可食用。

小贴士
菠萝也可用罐装菠萝代替，做成甜味。

菜脯鱿鱼羹

本品具有补血养颜、补虚润肤的作用。其中的鱿鱼蛋白质含量高，有滋阴补血之效；红枣维生素含量高，富含钙、铁等矿物质，有补血养颜之效。

主料

菜脯 20 克
鱿鱼 50 克
红枣 2 颗
大米 100 克

配料

盐 2 克
胡椒粉 1 克
姜 10 克
葱 5 克

做法

1. 菜脯洗净，切成粒；鱿鱼提前泡发好，切丝；姜洗净，切丝；葱洗净，切成葱花；红枣去核洗净切丝。

2. 锅上火，注入清水，放入姜丝、红枣丝，水沸后下洗净的大米、菜脯，大火煮沸后转用小火慢煲。

3. 煲至米粒软烂，放入鱿鱼，继续煲至呈糊状，调入盐、胡椒粉，撒入葱花，拌匀即可。

小贴士

鱿鱼烹制之前一定要先在开水中焯一下，这样才不会有腥味。

橙香羹

🕐 25 分钟
🍲 香甜
😊 ★ ★ ★

本品具有淡斑祛斑、美白肌肤的作用。其中的橙子富含维生素 C，有减少色素沉着的作用，从而起到淡斑、祛斑的作用，使肌肤白皙。

主料
橙子 20 克
大米 90 克

配料
白糖 12 克
葱 15 克

做法

1. 大米提前泡发好，洗净；橙子去皮，洗净，切小块；葱洗净，切成葱花。

2. 锅置火上，注入清水，放入大米，煮至米粒绽开后，放入橙子同煮。

3. 煮至浓稠后，调入白糖，撒上葱花即可食用。

小贴士
大米可以提前泡好，煮时能省去不少时间。

淡菜三蔬羹

🕐 60 分钟
🧂 咸香
☺ ★★

本品具有调经活血、滋润肌肤的作用。其中的淡菜蛋白质含量高，各种营养素种类较为齐全，滋补效果显著。

主料

大米 80 克
淡菜 10 克
西芹 10 克
胡萝卜 10 克
红椒 10 克

配料

盐 3 克
味精 2 克
胡椒粉 5 克

做法

1. 大米淘洗干净，用清水浸泡 30 分钟；淡菜用温水泡发 30 分钟；西芹、胡萝卜、红椒洗净后均切丁。

2. 锅置火上，注入清水，放入大米煮至五成熟。

3. 放入淡菜、西芹、胡萝卜、红椒煮至浓稠，加盐、味精、胡椒粉调匀便可。

小贴士

淡菜要用温水浸泡，否则容易变得软烂。

蛋花南瓜羹

⏱ 70 分钟
🧂 咸香
😊 ★★

本品具有排毒养颜、维持肌肤弹性的作用。其中的南瓜含有丰富的果胶，对于保护皮肤、防止紫外线辐射有一定效果；鸡蛋富有丰富的优质蛋白质，有助于维持肌肤的饱满紧致。

主料

大米 100 克
鸡蛋 1 个
南瓜 20 克

配料

盐 3 克
香油 5 毫升
葱花 15 克

做法

1. 大米洗净，浸泡 30 分钟；南瓜去皮，洗净，切小块。

2. 锅中注入清水，放入大米煮至七成熟。

3. 放入南瓜煮至米粒开花，磕入鸡蛋，打散后稍煮，加盐、香油调匀，撒上葱花。

小贴士

也可以白糖代替盐，制成甜粥。

蛋黄糯米羹

⏱ 70 分钟
🍶 咸香
☺ ★★

本品具有滋润肌肤、改善肤质的作用。其中的薏米含有一定量的维生素 E，可使皮肤保持光滑细腻，消除粉刺、色斑。

主料

糯米 50 克
薏米 25 克
芡实 25 克
熟鸡蛋黄 1 个

配料

盐 3 克
香油 5 毫升
葱花 15 克

做法

1. 糯米、薏米、芡实洗净，用清水浸泡 30 分钟。

2. 锅置火上，注入清水，放入糯米、薏米、芡实煮至八成熟。

3. 煮至米粒开花，倒入切碎的鸡蛋黄，加盐、香油调匀，撒上葱花即可。

小贴士

因芡实、薏米难熟透，宜用小火慢炖。

蛋黄山药羹

🕐 60 分钟
🧂 清香
☺ ★ ★ ★

本品具有抗衰抗皱的作用。其中的山药、蛋黄含多种营养素，是滋补佳品，有增强免疫力、延缓细胞衰老的作用。

主料

大米 80 克
干山药 20 克
熟鸡蛋黄 2 个

配料

盐 3 克
香油 5 毫升
葱花 5 克

做法

1. 大米淘洗干净，放入清水中浸泡 30 分钟；干山药碾成粉末。

2. 锅中注入清水，放入大米煮至八成熟。

3. 放入山药粉煮至米粒开花，再放入研碎的蛋黄，加盐、香油调匀，撒上葱花。

小贴士

也可以用新鲜山药代替干山药，更鲜香。

蛋黄酸奶羹

⏰ 60 分钟
🔺 鲜咸
😊 ★★★

本品具有滋润肌肤、保持肌肤细腻的作用。其中的酸奶含有维生素 A、B 族维生素和维生素 E 等，可防止皮肤角化和干燥，滋润肌肤。

主料

鸡蛋 1 个
酸奶 100 毫升
大米 100 克
肉汤 100 毫升

配料

葱花 10 克

做法

1. 大米淘洗干净，放入清水浸泡 30 分钟；鸡蛋煮熟，取蛋黄切碎。

2. 锅置火上，注入清水，放入大米煮至七成熟。

3. 倒入肉汤煮至米粒开花，再放入鸡蛋，倒入酸奶调匀，撒上葱花即可。

小贴士

鸡蛋煮熟后立即放冷水中冷却一会儿，更容易剥壳。

银鱼蛋羹

🕐 40 分钟
🧂 咸香
☺ ★★

本品具有滋润皮肤、补益气血的作用。其中的银鱼蛋白质含量高达72.1%，营养价值较高，堪称上等滋补品，有滋润肌肤、延缓肌肤衰老的作用。

主料
银鱼 200 克
芹菜 30 克
香菇 50 克
鸡蛋 2 个

配料
盐 4 克
胡椒粉 5 克
水淀粉 10 毫升
红椒 5 克

做法

1. 银鱼洗净，沥干；芹菜、香菇、红椒洗净，剁碎；鸡蛋取蛋清备用。

2. 锅加水烧热到沸腾，倒入银鱼、芹菜、香菇、红椒。

3. 调入盐、胡椒粉入味，用水淀粉勾芡成羹状，把鸡蛋清打散倒入，搅成蛋花状即可。

小贴士

也可以根据个人口味放入少许菠菜，营养价值更高。

冬笋瘦肉羹

本品具有滋润肌肤、补血养颜、润肠通便的作用。其中干贝含有多种氨基酸，可滋养细胞；冬笋富含膳食纤维，有排毒瘦身之效；猪瘦肉有补铁补血作用。

主料

猪瘦肉 200 克
冬笋 50 克
干贝 30 克
西葫芦 30 克
鸡蛋 1 个
高汤 100 毫升

配料

红甜椒 1 个
食用油 20 毫升
盐 3 克
味精 5 克

做法

1. 猪瘦肉洗净，切末；冬笋洗净切丁；干贝洗净；西葫芦洗净切丝；红甜椒洗净切粒；鸡蛋打入碗中，搅拌均匀。

2. 炒锅上火倒入食用油，将肉末炝香，倒入高汤，调入盐、味精，下入笋丁、干贝、西葫芦丝煲至熟，淋入蛋液，拌匀即可。

小贴士

猪瘦肉先爆香再煮，可增加羹的美味。

豆腐芹菜羹

🕐 50 分钟
🔥 鲜香
☺ ★★

本品具有排毒养颜、滋润肌肤的作用。其中的豆腐蛋白质含量较高，对细胞有滋补作用；芹菜富含膳食纤维，有助于清肠排毒。

主料

豆腐 20 克
鲜芹菜 20 克
大米 100 克

配料

盐 2 克
味精 1 克
香油 5 毫升

做法

1. 芹菜及芹菜叶洗净，切丝；豆腐洗净，切块；大米洗净，浸泡 30 分钟。

2. 锅置火上，注水后，放入大米，用大火煮至米粒开花。

3. 放入芹菜、豆腐，用小火煮至粥成，加入盐、味精，滴入香油即可食用。

小贴士

豆腐也可提前放入，煮得越久越入味。

豆腐瘦肉羹

🕐 25 分钟
🧂 鲜咸
🙂 ★★

本品具有滋润肌肤、延缓细胞衰老的作用。其中的豆腐、鸡蛋蛋白质含量高，质量优，对人体滋补效果显著；猪瘦肉有补铁补血的作用。

主料

豆腐 150 克
猪瘦肉 100 克
鸡蛋 1 个

配料

葱 3 克
红甜椒粒 5 克
盐 3 克
香油 3 毫升
水淀粉 5 毫升
食用油适量

做法

1. 将豆腐洗净切小丁；猪瘦肉洗净，剁末；鸡蛋打入碗中；葱洗净切葱花备用。

2. 油锅烧热，将葱花、肉末炝香，倒入适量水，下入豆腐，调入盐煲至熟，加水淀粉略勾芡，倒入蛋液，淋入香油，拌匀撒入剩余葱花、红甜椒粒即可。

小贴士

豆腐用盐水浸泡后烹制，不易碎烂。

豆浆玉米羹

🕐 60 分钟
🔺 香甜
☺ ★★

本品具有增强肌肤弹性、抵抗肌肤衰老的作用。其中豆浆富含蛋白质，且含有钙、磷、铁、锌等多种矿物质及维生素 A、B 族维生素等，滋补作用显著，尤其适合爱美的女性食用。

主料

豆浆 120 毫升
玉米粒 50 克
豌豆 30 克
胡萝卜 20 克
大米 80 克

配料

冰糖 8 克
葱 8 克

做法

1. 大米泡发 30 分钟，洗净；玉米粒、豌豆均洗净；胡萝卜洗净，切丁；葱洗净，切成葱花。

2. 锅置火上，倒入清水，放入大米煮至开花，再入玉米、豌豆、胡萝卜同煮至熟。

3. 注入豆浆，放入冰糖，同煮至浓稠状，撒上葱花即可。

小贴士

玉米要新鲜的最好，罐装玉米也可以，只是口感较软。

豆芽青菜羹

本品具有滋润肌肤、祛斑抗衰的作用。黄豆芽是"美容圣品"，常吃能补充维生素 C，对面部雀斑也有较好的淡化效果。

主料

黄豆芽 100 克
青菜 50 克
大米 100 克

配料

盐 3 克
香油 3 毫升
姜 3 克

做法

1. 姜去皮，洗净，切丝；黄豆芽洗净，择去根部；大米洗净，泡发 30 分钟；青菜洗净，切丝；锅置火上，注水后，放入大米用大火煮至快熟时，放入姜丝、黄豆芽。

2. 改用小火煮至粥成，放入青菜稍煮后，调入盐，滴入香油即可。

小贴士

青菜最后才放，可避免维生素 C 流失。

豆芽玉米羹

⏱ 40 分钟
🔺 咸香
😊 ★ ★ ★

本品具有排毒养颜、防皱抗衰的作用。其中的黄豆芽是优质蛋白质和多种维生素的来源，有补气养血的作用，女性常食有助于改善气色。

主料

黄豆芽 20 克
玉米粒 20 克
大米 100 克

配料

盐 3 克
香油 5 毫升

做法

1. 玉米粒洗净；黄豆芽洗净，择去根部；大米洗净，泡发 30 分钟。

2. 锅置火上，倒入清水，放入大米、玉米粒用大火煮至米粒开花。

3. 再放入黄豆芽，改用小火煮至粥成，调入盐、香油搅匀即可。

小贴士

可放入少许白醋，保护黄豆芽中的维生素 B_2。

多味水果羹

本品具有补水保湿、保持肌肤弹性的作用。其中的水果，水分含量高，维生素含量丰富，有助于滋养皮肤，延缓肌肤衰老。

主料

梨 10 克
芒果 10 克
西瓜 10 克
苹果 10 克
葡萄 10 克
大米 100 克

配料

冰糖 5 克

做法

1. 大米洗净，用清水浸泡 30 分钟；梨、苹果洗净，去皮、切块；芒果、西瓜去皮切块；葡萄洗净，去皮。

2. 锅置火上，放入大米，加适量清水煮至粥将成。

3. 放入所有水果煮至米粒开花，加冰糖调匀便可。

小贴士

各种水果可以根据个人喜好适当增加或减少分量。

芦荟红枣羹

⏱ 60 分钟
△ 香甜
☺ ★★★

本品具有美白养颜的作用，尤其适合爱美的女性食用。其中的芦荟叶肉中含有天然保湿因子甘露聚糖，有抗皱保湿的作用；红枣富含维生素和铁，有滋补养颜的功效。

主料

芦荟 20 克

红枣 20 克

大米 100 克

配料

白糖 6 克

做法

1. 大米泡发 30 分钟，洗净；芦荟去皮，洗净，切成小片；红枣去核，洗净，切成小块。

2. 锅置火上，注入清水，放入大米，用大火煮至米粒绽开。

3. 放入芦荟、红枣，改用小火煮至粥成，调入白糖入味，即可食用。

小贴士

烹制芦荟前要去掉其绿皮，以去除苦味。

干贝鸭羹

⏱ 65 分钟
🧂 鲜香
☺ ★★

本品具有滋润肌肤、延缓肌肤衰老的作用。其中的鸭肉含 B 族维生素和维生素 E 比较多，有清除体内自由基的作用，可预防肌肤衰老；干贝有助于滋阴，适合女性食用。

主料
大米 120 克
鸭肉 80 克
干贝 10 克
枸杞子 12 克

配料
盐 3 克
味精 1 克
香菜 15 克
食用油适量

做法
1. 大米淘净，浸泡 30 分钟后捞出沥干水分；干贝泡发，撕成细丝；枸杞子洗净；鸭肉洗净，切块。
2. 油锅烧热，放入鸭肉过油后盛出备用；锅中加入清水，放入大米和干贝、枸杞子熬煮至米粒开花。
3. 再下入鸭肉，将粥熬好，调入盐、味精，撒入香菜即可。

小贴士
干贝烹调前应用温水泡发，再烹制。

贡梨枸杞子羹

⏱ 60 分钟
🧂 香甜
☺ ★★★

本品具有保湿嫩肤、滋养皮肤的作用。其主料中的贡梨水分较多，营养丰富，有清心润肺、生津止渴等作用，尤适合爱美的女性食用。

主料

贡梨 100 克
枸杞子 10 克
大米 90 克

配料

白糖 5 克
葱花 5 克

做法

1. 大米泡发 30 分钟，洗净；贡梨去皮，洗净，切块；枸杞子洗净。

2. 锅置火上，注入水，放入大米、枸杞子，煮至米粒开花后，加入贡梨熬煮。

3. 改用小火煮至粥浓稠时，调入白糖，撒上葱花即可。

小贴士

梨皮具有清心、润肺、降火等功效，如果不介意可以带皮熬煮。

桂圆大米羹

⏱ 60 分钟
🔺 清香
☺ ★★

本品具有补血养颜的作用。其中的桂圆含蛋白质、糖分、维生素 C、烟酸和铁等多种营养成分，有补血安神、补养心脾的功效，对女性有较强的滋补作用。

主料

桂圆肉 70 克
胡萝卜 50 克
大米 100 克

配料

白糖 15 克

做法

1. 大米泡发 30 分钟，洗净；胡萝卜去皮，洗净，切小块；桂圆肉洗净。

2. 锅置火上，注入清水，放入大米用大火煮至米粒绽开。

3. 放入桂圆肉、胡萝卜，改用小火煮至羹成，调入白糖即可食用。

小贴士

桂圆属温热食物，以每天 5 颗为宜，不宜过多。

果味玉米羹

🕐 25 分钟
🧂 香甜
☺ ★★

本品具有补水保湿、滋润肌肤、排毒养颜等作用。其中的水果含维生素、粗纤维较多，有排毒养颜之效；玉米含有滋润肌肤的维生素 E，有延缓肌肤衰老之效。

主料

玉米罐头 150 克
菠萝 50 克
苹果 50 克
香蕉 50 克

配料

白糖 5 克
蛋清 30 毫升
香菜末 15 克

做法

1. 将香蕉、菠萝、苹果去皮洗净，切成丁。

2. 玉米从罐头中取出，沥干备用。

3. 锅内加水、玉米烧开，放入水果丁煮熟；加蛋清勾芡，调入适量白糖，撒入香菜，装盘即成。

小贴士

罐装玉米里的汁水也可加入使用。

黑芝麻蛋花羹

🕐 100 分钟
🍲 香甜
😊 ★★★

本品具有补血养颜、延缓肌肤衰老的作用。其中的黑芝麻含有丰富的亚油酸，有增加皮肤弹性、养血、润燥、乌发的功效，是天然的美容食品。

主料

雪菜 10 克
西米 20 克
鸡蛋 2 个
黑芝麻 10 克

配料

白糖 2 克
水淀粉 20 毫升
葱 5 克
姜片 3 克

做法

1. 雪菜洗净，切粒；葱洗净，切成葱花；黑芝麻、西米洗净用水泡 60 分钟；鸡蛋打入碗中，搅匀备用；姜片切丝。

2. 起锅上火，注入适量清水，水开后放入西米、黑芝麻，调入白糖。

3. 以大火煮至西米、黑芝麻黏稠时，调入打散的蛋液、水淀粉、雪菜，撒上葱花、姜丝，搅拌均匀即可出锅。

小贴士

蛋液要在羹黏稠时候再打入。

莲子雪蛤羹

本品具有嫩白皮肤、补血养颜、淡化色斑等作用。其中的雪蛤含有胶原蛋白、氨基酸等物质，有助于促进皮肤组织的修复和再生，对于维持肌肤细腻、光洁大有裨益。

主料

雪蛤 80 克
莲子 30 克
红枣 2 颗
淡奶 100 毫升

配料

白糖 20 克
椰汁 50 毫升
冰糖 50 克

做法

1. 雪蛤洗净泡发；莲子泡发；红枣洗净。

2. 将适量清水、白糖放入容器中，加入雪蛤上笼蒸 5 分钟，捞出分装碗中，放入莲子、红枣。

3. 锅上火加水，下椰汁、淡奶、冰糖烧开后，盛入装碗的雪蛤中，蒸 10 分钟取出。

小贴士

雪蛤有调节女性内分泌的作用，每周可食用 1 次。

红薯蛋奶羹

⏱ 60 分钟
🔺 鲜香
☺ ★ ★ ★

本品具有美白养颜、清除毒素、滋润肌肤等作用。其中的牛奶营养丰富，有防皱抗衰、美白肌肤、改善肤质等多重美容功效；鸡蛋和豆腐含蛋白质丰富，滋补效果显著。

主料

大米 50 克
红薯 100 克
鸡蛋 1 个
牛奶 80 毫升
豆腐 50 克

配料

白糖 3 克
葱花 15 克

做法

1. 大米洗净，用清水浸泡 30 分钟；红薯洗净，去皮切小丁；鸡蛋煮熟后切碎；豆腐洗净，切成片。

2. 锅置火上，注入清水，放入大米、红薯、豆腐煮至羹将成。

3. 放入鸡蛋、牛奶煮至羹稠，加白糖调匀，撒上葱花即可。

小贴士

也可加入少量蜂蜜，美容效果更佳。

红薯米羹

🕐 70 分钟
🌿 清香
☺ ★★

本品具有润肤养颜的作用。其中的红薯含膳食纤维较多，有助于促进胃肠蠕动，防止便秘，是理想的瘦身减肥食品。

主料
红薯 70 克
大米 100 克

配料
盐 2 克
姜 5 克

做法

1. 红薯去皮，洗净，切粒；姜洗净去皮切丝；大米洗净，泡发 30 分钟备用。

2. 砂锅上火，注入清水，放入姜丝烧开，放入大米，再次煮沸后转用小火慢煲。

3. 煲至米粒熟烂，放入红薯粒，小火继续煲至黏稠，调入盐拌匀即可。

小贴士

也可打入鸡蛋，营养价值更高。

红枣菊花羹

🕐 60 分钟
🧂 香甜
☺ ★★

本品具有清热解毒、补血养颜的作用。其中的红枣能够促进人体造血，使面色红润，还含有维生素 C，有助于防止色素沉着；菊花有清热祛火、排毒的功效。

主料

大米 100 克
红枣 3 颗
菊花瓣 10 克

配料

红糖 5 克

做法

1. 大米淘洗干净，用清水浸泡 30 分钟；菊花瓣洗净备用；红枣洗净，去核备用。

2. 锅置火上，加适量清水，放入大米、红枣，煮至九成熟。

3. 最后放入菊花瓣煮至米粒开花、羹浓稠时，加红糖调匀便可。

小贴士

也可用玫瑰花替代菊花。

胡椒海参羹

⏱ 60 分钟
🔥 鲜咸
☺ ★★★

本品具有补肾壮阳、养颜乌发的作用。其中的海参含有多种对人体有益的成分，对女性能起到补血温肾、益精填髓等功效，有增强新陈代谢之功，抗衰老效果显著。

主料
水发海参 50 克
大米 100 克

配料
盐 3 克
味精 2 克
葱花 10 克
胡椒粉 5 克

做法

1. 大米淘洗干净，用清水浸泡 30 分钟；海参洗净后，切成小条。

2. 锅置火上，注入清水，放入大米煮至五成熟。

3. 再放入海参煮至粥将成，加盐、味精、胡椒粉调匀，撒上葱花便可。

小贴士
泡发好的海参不宜久存，最好现吃现发。

胡萝卜蛋羹

- ⏱ 40 分钟
- 🧂 鲜咸
- 😊 ★★★

本品具有排毒抗皱、延缓肌肤衰老的作用。其中胡萝卜所含的胡萝卜素可以清除自由基，滋润皮肤、延缓衰老；鸡蛋含有人体所需的大部分营养物质，有延年益寿之效。

主料

胡萝卜 200 克
鸡蛋 3 个
鸡汤 300 毫升

配料

盐 3 克
水淀粉 10 毫升

做法

1. 胡萝卜去皮，洗净，用搅拌机搅成泥状；鸡蛋取蛋清。

2. 胡萝卜泥入锅中，加鸡汤，调入盐，煮开后用水淀粉勾芡，盛出。

3. 蛋清倒入锅中用小火搅成浆状，取出在萝卜羹上打成太极形状即可。

小贴士

烹饪鸡蛋时不宜放味精，以免破坏鸡蛋固有的鲜味。

胡萝卜芹菜羹

⏱ 60 分钟
🍶 清香
😊 ★★

本品具有滋润皮肤、通便排毒、减肥瘦身的作用。其中的胡萝卜含有大量的 B 族维生素和维生素 C，对皮肤有较好的滋养作用；芹菜富含膳食纤维，有助于排毒瘦身。

主料

胡萝卜 10 克
芹菜 10 克
鸡蛋 1 个
大米 100 克

配料

盐 3 克
香油 5 毫升
胡椒粉 5 克
葱花 10 克

做法

1. 大米淘洗干净，用清水浸泡 30 分钟；胡萝卜、芹菜洗净，均切丁；鸡蛋煮熟切碎。

2. 锅置火上，注入清水，放入大米煮至八成熟。

3. 放入胡萝卜丁、芹菜丁、鸡蛋碎煮至米粒开花，加盐、香油、胡椒粉调匀，撒上葱花即可。

小贴士

洗胡萝卜时不必削皮，只要轻轻擦拭即可，可保留胡萝卜的营养精华。

花生核桃羹

⏱ 45 分钟
📏 鲜香
☺ ★★

本品具有健脾益气、养颜乌发、延缓肌肤衰老的作用。其中的黑芝麻、核桃含亚油酸、维生素 E、膳食纤维较多，有滋润肌肤的作用；花生中的不饱和脂肪酸有抗衰老的作用。

主料

黑芝麻 10 克
黄豆 30 克
花生仁 20 克
核桃仁 20 克
大米 70 克

配料

白糖 4 克
葱 8 克

做法

1. 大米、黄豆均提前泡发数个小时，洗净；花生仁、核桃仁、黑芝麻均洗净，捞起沥干备用；葱洗净，切成葱花。

2. 锅置火上，倒入清水，放入大米、黄豆、花生仁以大火煮开；再加入核桃仁、黑芝麻转小火煮至粥呈浓稠状，调入白糖拌匀，撒上葱花即可。

小贴士

黄豆不容易泡发，宜提前数小时浸泡。

黄花菜芹菜羹

⏱ 70 分钟
🔥 清香
☺ ★★

本品具有润肠通便、清热平肝的作用。其中的黄花菜有助于利尿消肿；芹菜膳食纤维丰富，不但有助于通便排毒，还可清热平肝，减少痤疮形成。

主料

干黄花菜 15 克
芹菜 15 克
大米 100 克

配料

香油 5 毫升
盐 2 克

做法

1. 芹菜洗净，切段；干黄花菜泡发，洗净切碎。

2. 大米洗净后泡发 30 分钟，入锅加水，用大火煮至米粒绽开。

3. 放入芹菜、黄花菜，改用小火煮至粥成，加盐调味，滴入香油即可食用。

小贴士

新鲜黄花菜不宜食用，容易导致中毒。

鸡蛋醪糟羹

本品具有滋润肌肤、使肌肤红润的作用。其中的鸡蛋可补充蛋白质；红枣有补铁补血及补充多种维生素的作用。二者搭配，尤其适合爱美的女性食用。

主料
醪糟 50 毫升
大米 80 克
鸡蛋 1 个
红枣 5 颗

配料
白糖 5 克

做法

1. 大米淘洗干净，浸泡片刻；鸡蛋煮熟切碎；红枣洗净。

2. 锅置火上，注入清水，放入大米、醪糟煮至七成熟。

3. 放入红枣，煮至米粒开花；放入鸡蛋碎煮 3 分钟，加白糖调匀即可。

小贴士

也可以冰糖代替白糖，更加清甜。

鸡蛋小米羹

⏱ 25 分钟
🔺 鲜香
☺ ★ ★ ★

本品具有滋阴养血、润泽肌肤的作用。其中的小米含铁量丰富，补气血作用显著；牛奶营养丰富且人体消化吸收率高，润肤作用极佳，常食能增强肌肤活力。

主料

牛奶 100 毫升
鸡蛋 1 个
小米 100 克

配料

白糖 5 克
葱花 10 克

做法

1. 小米洗净，浸泡片刻；鸡蛋煮熟后切碎。

2. 锅置火上，注入清水，放入小米，煮至八成熟。

3. 倒入牛奶，煮至米烂，再放入鸡蛋，加白糖调匀，撒上葱花即可。

小贴士

小米浸泡时间不宜过久。

鸡蛋玉米羹

🕐 33 分钟
🧂 鲜香
☺ ★★

本品具有紧致肌肤、润肠通便、排出毒素等作用。其中的玉米浆含有维生素 E、植物纤维等物质，不但有助于加速肠内毒素的排出，还有较好的美肤护肤作用。

主料

玉米浆 300 毫升
鸡蛋 2 个

配料

料酒 10 毫升
白糖 2 克
鸡油 15 毫升
淀粉 75 克
盐 3 克
味精 3 克

做法

1. 鸡蛋磕入碗中打散。

2. 锅置于火上，倒入玉米浆、料酒、盐、味精，烧开后，用淀粉勾成薄芡，淋入蛋液。

3. 调入白糖，再淋入鸡油推匀即可起锅。

小贴士

也可撒入一些葱花，以增加香味。

鸡丝鱼翅羹

🕐 30 分钟
🔺 鲜香
😊 ★★★

本品具有滋润肌肤、延缓衰老的作用。其中的鸡肉蛋白质含量高，且人体消化吸收率高，有滋补强身之效；鱼翅富含胶原蛋白，有保湿、美白、防皱、祛斑的作用。

主料

鱼翅 50 克
鸡丝 20 克

配料

白糖 5 克
盐 3 克
味精 3 克
料酒 5 毫升
水淀粉 10 毫升
香菜叶 5 克

做法

1. 鱼翅浸泡，再放入冷水里用小火慢慢烧开；香菜叶洗净。

2. 将装鱼翅的锅移于大火上，烧开后逐一加入鸡丝、白糖、盐、味精、料酒等，全熟后加入水淀粉勾芡，撒上香菜即成。

小贴士

也可以加入酱油，能使鱼翅呈现金黄色，更加美观。

鸡腿肉羹

🕐 48 分钟
🅰 鲜咸
☺ ★★★

本品具有滋润肌肤、补益气血的作用。其中的鸡肉是高蛋白、低脂肪的食物，有温中益气、补虚损的作用，对女性滋补效果显著。

主料

鸡腿肉 50 克
猪肉 50 克
大米 100 克

配料

姜丝 4 克
盐 3 克
香油 3 毫升
味精 2 克
葱花 2 克

做法

1. 猪肉洗净，切片；大米淘净，泡发好；鸡腿肉洗净，切小块。

2. 锅中注水，下入大米，大火煮沸，放入鸡腿肉、猪肉、姜丝，转中火熬煮至米粒软散。

3. 转小火将粥熬煮至浓稠，调入盐、味精调味，淋香油，撒入葱花即可。

小贴士

鸡肉放冰水中浸泡一下，会使肉质更加紧致，口感更好。

家庭三宝羹

🕐 50 分钟
🧂 咸香
😊 ★★

本品具有滋润肌肤、延缓肌肤衰老的作用。其中的牛肉氨基酸组成与人体接近，修复组织作用显著；玉米含维生素 C、维生素 E、卵磷脂、膳食纤维等成分，有多重美肤作用。

主料

玉米粒 200 克
鸡蛋 1 个
牛肉 100 克

配料

水淀粉 5 毫升
盐 3 克
食用油适量
清汤适量

做法

1. 牛肉洗净切末；鸡蛋打入碗中搅匀，备用。

2. 净锅上火，注入少许油，烧热，下玉米、牛肉末翻炒香，加入适量清汤，大火烧沸后，煮约 10 分钟。

3. 调入水淀粉、盐勾芡，再淋入蛋液，搅拌均匀，即可食用。

小贴士

烹制过程中不要加冷水，以保持牛肉的鲜美。

彩椒大米羹

本品具有排毒抗皱、预防贫血的作用。其中的彩椒含维生素 C、胡萝卜素较为丰富，有延缓肌肤衰老之效；苦苣中铁元素含量较高，可补铁补血，改善气色。

主料

彩椒 20 克
苦苣 20 克
大米 100 克

配料

盐 3 克

做法

1. 大米洗净，提前泡发 1 个小时后捞出沥干水分；苦苣洗净，切成细丝；彩椒洗净，切成小片。

2. 锅置火上，注入清水，放入大米用大火煮至米粒绽开。

3. 放入苦苣、彩椒，改用小火煮至羹成，调入盐即可。

小贴士

彩椒中维生素 C 含量远高于柑橘类水果，较适合生吃。

韭黄牡蛎羹

45 分钟
鲜咸
★★

牡蛎是天然的美容食品，女性常食有助于保持肌肤弹性，维持肌肤光泽；韭黄含有大量膳食纤维，有助于排毒减肥；黑木耳有补铁补血作用。

主料

牡蛎 90 克
韭黄 50 克
黑木耳 50 克
鸡蛋 1 个

配料

盐 3 克
水淀粉 6 毫升
姜丝 5 克
葱花 10 克

做法

1. 牡蛎洗净，去壳，取肉，切小块；韭黄洗净切段；黑木耳泡发，洗净，切丝；鸡蛋打入碗中搅匀备用。

2. 水烧沸，下入牡蛎、黑木耳、韭黄、姜丝，大火煮沸。

3. 调入水淀粉勾成芡后，调入蛋液拌匀，呈现蛋花时，加盐，撒上葱花即可出锅。

小贴士

牡蛎性寒，脾胃虚寒者忌食。

韭黄干贝羹

⏱ 45 分钟
🧂 咸香
😊 ★★

本品具有滋润肌肤、延缓衰老的功效。其中的鸭肉有滋阴清热的作用；韭黄有通便排毒的作用；干贝和花菇含有丰富的蛋白质和氨基酸，滋补作用佳。

主料

烧鸭 50 克
韭黄 50 克
干贝 10 克
花菇 10 克

配料

酱油 3 毫升
盐 3 克
料酒 5 毫升

做法

1. 干贝洗净，蒸 30 分钟，去硬梗撕碎，保留原汁；花菇浸透，切丝；烧鸭取肉切丝；韭黄洗净，切段。

2. 锅中放水，加入花菇、干贝煮 2 分钟，下入鸭肉丝、韭黄，调入盐、料酒、酱油即可。

小贴士

加入酱油和料酒调味更美味。

韭黄玉米羹

🕐 45 分钟
🔥 咸香
☺ ★★

本品具有润肠通便、嫩白肌肤的作用。其中的玉米含有天然美容剂维生素 E，有美肤护肤之效；韭黄含有大量粗纤维，有助于排出体内毒素，预防黄褐斑。

主料

玉米蓉 1 罐
韭黄 30 克
鸡蛋 1 个

配料

盐 2 克
鸡精 1 克
淀粉 2 克
姜 5 克
葱 5 克
香菜 5 克

做法

1. 韭黄洗净，切粒；姜去皮，洗净，切丝；葱洗净，切成葱花；香菜洗净切段；鸡蛋打入碗中搅匀备用。

2. 锅上火，放入适量清水，加入姜丝、玉米蓉，大火煮沸，转用小火慢煲。

3. 煲至成糊时，调入盐、鸡精、淀粉、韭黄粒，撒入葱花拌匀，调入蛋液，拌匀，撒上香菜即可离火。

小贴士

小火慢煲味道更加浓郁。

苦瓜胡萝卜羹

🕐 70 分钟
🔥 鲜香
😊 ★★

本品具有保持肌肤活力、排毒瘦身的作用。其中的苦瓜含有消脂、减肥的成分，排毒效果较好；胡萝卜中的胡萝卜素有助于清除人体内自由基，预防肌肤衰老。

主料

苦瓜 20 克
胡萝卜 20 克
大米 100 克

配料

冰糖 5 克
盐 2 克
香油 5 毫升

做法

1. 苦瓜洗净，切条；胡萝卜洗净，切丁；大米泡发30分钟，洗净。

2. 锅置火上，注入清水，放入大米用大火煮至米粒开花。

3. 放入苦瓜、胡萝卜丁，用小火煮至粥成，放入冰糖煮至溶化后，调入盐、香油入味即可。

小贴士

常吃苦瓜的人不易上火、长痤疮。

荔枝糯米羹

35 分钟
鲜香
★★

本品具有美白肌肤、滋润肌肤的作用。其中的荔枝含维生素较为丰富，有助于促进微血管的血液循环，预防色斑；山药有滋养补虚的作用，有助于滋养肌肤。

主料

荔枝 20 克
山药 20 克
莲子 20 克
糯米 100 克

配料

冰糖 5 克
葱花 10 克

做法

1. 糯米、莲子提前用清水浸泡数小时；荔枝去壳，洗净；山药去皮，洗净，切块后焯水捞出。

2. 锅置火上，注入清水，放入糯米、莲子煮至八成熟。

3. 放入荔枝、山药煮至粥将成，放入冰糖调匀，撒上葱花便可食用。

小贴士

莲子不易煮熟，可提前用水浸泡数小时。

莲藕糯米羹

⏱ 60 分钟
🍲 香软
😊 ★★

本品具有补铁补血、改善气色的作用。其中的莲藕维生素 C 含量丰富，含铁量高，对维持肌肤的弹性、使肌肤细腻都有益处。

主料
莲藕 30 克
糯米 100 克

配料
白糖 5 克
葱 10 克

做法

1. 莲藕洗净，切片；糯米泡发 30 分钟，洗净；葱洗净，切成葱花。

2. 锅置火上，注入清水，放入糯米用大火煮至米粒绽开。

3. 放入莲藕，用小火煮至粥浓稠时，加入白糖调味，再撒上葱花即可。

小贴士

若想莲藕不变黑，可先用加了白醋的冷水泡一下。

莲子菠萝羹

🕐 30 分钟
🔺 甘甜
😊 ★★

本品具有改善气色的作用。其中的菠萝有补脾开胃、促进消化等功效，有助于促进新陈代谢，预防脂肪堆积。

主料
菠萝 200 克
莲子 100 克

配料
白糖 25 克
葱花 5 克

做法

1. 锅置火上，加清水 150 毫升，放入白糖烧开。

2. 莲子提前泡发数小时，洗净，入糖水锅内煮 5 分钟，连糖水一起晾凉，捞出莲子，糖水入冰箱冰镇。

3. 菠萝去皮，切成小丁，与莲子一同装入小碗内，浇上冰镇糖水，撒上葱花即可食用。

小贴士
糖水是否冰镇可依个人喜好而定。

莲子糯米羹

⏱ 70 分钟
🧂 香甜
☺ ★★

本品具有补血养颜、养心安神的功效。其中的红枣维生素 C、维生素 E、铁含量高，尤其适合女性食用；莲子有清心安神之效，有助于改善睡眠质量，改善气色。

主料

糯米 100 克
红枣 10 颗
莲子 150 克

配料

冰糖 10 克

做法

1. 莲子洗净；糯米淘净，加水以大火煮开，转小火慢煮 20 分钟。
2. 红枣洗净，与莲子加入已煮开的糯米中续煮 20 分钟。
3. 等莲子熟软，加冰糖调味即可。

小贴士

莲心祛心火效果显著，不宜丢掉。

蟹肉鸡蛋羹

本品具有美化肌肤的作用。其中的蛋清保湿作用显著，含有丰富的卵白蛋白，有滋润肌肤的作用，此外还含有 B 族维生素、钙、铁等营养素，营养价值较高。

主料

蟹肉棒 200 克
蛋清 300 毫升
高汤 50 毫升

配料

葱 20 克
红椒 20 克
盐 3 克
水淀粉 5 毫升

做法

1. 蟹肉棒洗净，剁碎；葱、红椒洗净，切碎。

2. 高汤烧沸，入蟹肉丁煮熟，加盐调味，倒入红椒续煮。

3. 用水淀粉勾芡成羹状，倒入蛋清搅成花状，撒上葱花搅匀即可。

小贴士

蟹肉切丁不宜太大，否则不易入味。

鲮鱼白菜羹

⏱60 分钟
🔺鲜香
☺★★

本品具有滋润肌肤、使肌肤白皙的作用。其中的鲮鱼含有丰富的蛋白质，有助于保持肌肤弹性；白菜中的维生素 C、维生素 E 含量均丰富，有助于预防黄褐斑。

主料

鲮鱼 50 克
白菜 20 克
大米 80 克

配料

盐 3 克
料酒 3 毫升
葱花 3 克
枸杞子 5 克
香油 3 毫升

做法

1. 大米洗净后放入清水中浸泡 30 分钟；鲮鱼肉收拾干净，切小块，用料酒腌制；白菜洗净撕小块。

2. 锅置火上，放入大米，加适量清水煮至五成熟。

3. 放入鱼肉、枸杞子煮至粥将成，放入白菜稍煮，加盐、香油调匀，撒上葱花便可。

小贴士

鱼肉和枸杞子也可早放，营养成分析出得更彻底。

胡萝卜猪肝羹

鲜咸
★★★

本品具有补血润肤的作用。其中的猪肝含铁丰富，有助于调节和改善人体造血系统的生理功能，是理想的补血佳品；胡萝卜中含有能清除自由基的胡萝卜素，有抗衰老的作用。

主料

胡萝卜60克
猪肝100克
大米80克
芹菜25克

配料

盐3克
味精1克
香油5毫升

做法

1. 胡萝卜洗净，切成小丁；芹菜洗净，切碎；猪肝洗净，切片；大米淘净，浸泡30分钟。

2. 锅中注水，下入大米，大火烧开，再转中火煮30分钟。

3. 最后下入猪肝、胡萝卜、芹菜，小火熬煮成粥，加盐、味精调味，淋上香油即可。

小贴士

女性一次食用胡萝卜不宜过量。

麦冬大米羹

⏱ 60分钟
🍚 香软
😊 ★★

本品具有滋阴润燥、滋润肌肤等作用。其中的西洋参可补气养阴；麦冬可养阴润燥；石斛可滋阴清热；枸杞子能补益肝肾，改善气色。

主料

大米 70 克
西洋参 5 克
麦冬 10 克
石斛 20 克
枸杞子 5 克

配料

冰糖 50 克

做法

1. 西洋参洗净；麦冬、石斛均洗净，入药材包包起；枸杞子洗净泡软。

2. 大米泡发 30 分钟，洗净，倒入适量水，与西洋参、枸杞子、药材包一起放入锅中，以大火煮沸后，转入小火续煮直到黏稠，加入冰糖即可。

小贴士

本品滋阴作用显著，适合经常口干、心烦、失眠的女性食用。

玫瑰枸杞子羹

⏱ 35 分钟
△ 清香
☺ ★★★

本品具有改善气色、红润肌肤的作用。其中的玫瑰花有活血养颜的作用；枸杞子有滋养补虚的作用。二者搭配有助于增强细胞活力，改善气色。

主料

玫瑰花瓣 20 克
醪糟 100 毫升
枸杞子 20 克

配料

白糖 10 克
白醋 5 毫升
水淀粉 10 毫升

做法

1. 玫瑰花瓣洗净，切丝。

2. 水烧开，入白糖、白醋、醪糟、枸杞子，煮开后转小火。

3. 用水淀粉勾芡，搅匀，撒上玫瑰花丝即成。

小贴士

也可在其中加入蛋液，营养价值更高。

玫瑰养颜羹

本品具有理气活血、补血养颜的作用。其中的玫瑰花有通经活络之效；杏脯中含胡萝卜素和维生素较多；葡萄干中的铁和钙含量丰富。

主料

玫瑰花瓣 20 克
醪糟 100 毫升
玫瑰露酒 50 毫升
枸杞子 10 克
杏脯 10 克
葡萄干 10 克

配料

白糖 10 克
水淀粉 20 毫升

做法

1. 玫瑰花瓣洗净，切碎备用。

2. 锅中加水烧开，放入玫瑰露酒、白糖、醪糟、枸杞子、杏脯、葡萄干煮开。

3. 用水淀粉勾芡，最后撒上玫瑰花末即可。

小贴士

醪糟中加少许盐可以中和其酸味。

美味八宝羹

⏱ 40 分钟
🍲 香甜
😊 ★★

本品具有滋润肌肤、美白肌肤的作用。其中的红枣、红豆有补益气血的作用，有助于改善气色；花生富含维生素 E，可预防色斑；百合滋阴润燥效果显著，可预防肌肤缺水。

主料

红枣 5 颗
花生仁 20 克
红豆 25 克
枸杞子 5 克
糯米 25 克
芡实 15 克
百合 15 克

配料

白糖 10 克

做法

1. 花生仁洗净；红枣洗净去核，切开。

2. 红豆、枸杞子、百合分别洗净、泡发，备用。

3. 糯米淘净，提前浸泡 1 个小时，倒入锅中，加水适量，待煮开后，倒入其余主料，转小火煮 30 分钟，需定时搅拌，直到变黏稠，加白糖即可。

小贴士

红豆难以煮熟，需要提前浸泡三四个小时。

牡蛎豆腐羹

本品具有滋润皮肤、淡斑祛斑的作用。其中的牡蛎含营养素种类较多，具有滋润皮肤、使皮肤光洁的作用；豆腐与鸡蛋蛋白质含量丰富，滋补作用显著。

主料

牡蛎肉 50 克
豆腐 100 克
鸡蛋 1 个
韭菜 50 克
高汤 200 毫升

配料

盐 3 克
香油 2 毫升
食用油适量

做法

1. 将牡蛎肉洗净泥沙；豆腐均匀切成细丝；韭菜洗净，切末；鸡蛋打入碗中备用。

2. 油锅加热，倒入高汤，下入牡蛎肉、豆腐丝，调入盐煲至入味，再下入韭菜末、鸡蛋，淋入香油即可。

小贴士

豆腐用盐水先浸泡 30 分钟，烹制时不易碎烂。

木瓜葡萄羹

⏱ 60 分钟
🍶 酸甜
☺ ★★

本品具有养颜美肤、滋润抗皱的作用。木瓜有使皮肤光洁、柔嫩、细腻、白皙的作用；葡萄含有铁和抗氧化成分，可使肌肤红润，抵抗肌肤衰老。

主料

木瓜 30 克
葡萄 20 克
大米 100 克

配料

白糖 5 克
葱花 5 克

做法

1. 大米淘洗干净，放入清水中浸泡 30 分钟；木瓜切开取果肉，切成小块；葡萄去皮去核，洗净。

2. 锅置火上，注入清水，放入大米煮至八成熟。

3. 放入木瓜、葡萄煮至米烂，放入白糖稍煮后调匀，撒上葱花便可。

小贴士

葡萄皮有抗过敏、增强免疫力、保护心血管的作用，烹制时也可不去皮。

木瓜芝麻羹

🕐 45 分钟
🍶 清香
😊 ★★

本品具有美肤乌发、排毒瘦身的作用。其中的木瓜可滋润抗皱；黑芝麻含有丰富的维生素 E 和油脂，常吃黑芝麻能增加皮肤弹性。黑芝麻还含有丰富的卵磷脂，可预防脱发。

主料

木瓜 20 克
熟黑芝麻 15 克
大米 80 克

配料

盐 2 克
葱 5 克

做法

1. 大米泡发 30 分钟，洗净；木瓜去皮，洗净，切小块；葱洗净，切成葱花。

2. 锅置火上，注入水，加入大米，煮至熟后，加入木瓜同煮。

3. 用小火煮至呈浓稠状时，调入盐，撒上葱花、熟黑芝麻即可。

小贴士

大米煮至开花后加入木瓜，以小火慢炖更易入味。

南瓜西蓝花羹

🕐 60 分钟
🔥 鲜香
😊 ★★★

本品具有润肠通便、排毒养颜之效。南瓜果胶含量丰富，有排毒减肥的功效；西蓝花的维生素 C 含量丰富，有预防色素沉着、使肌肤白皙的作用。

主料

南瓜 30 克
西蓝花 50 克
大米 90 克

配料

盐 2 克

做法

1. 大米泡发 30 分钟，洗干净；南瓜去皮、籽，洗净，切块；西蓝花洗干净，掰成小朵。

2. 锅置火上，注入适量清水，放入大米、南瓜，用大火煮至米粒绽开，再放入西蓝花，改用小火煮至粥成，调入盐入味，即可食用。

小贴士

西蓝花不宜掰得太大，小朵更易入味。

南瓜薏米羹

🕐 40 分钟
🔺 鲜香
😊 ★★★

本品具有滋润抗皱、健脾祛湿、养心安神的作用。其中的薏米有很好的美白、祛湿作用，能预防痤疮，与莲子搭配还具有养心安神、改善气色的作用。

主料

南瓜 40 克
薏米 20 克
大米 70 克
莲子 10 克

配料

盐 2 克
葱花 8 克

做法

1. 大米、薏米均提前泡发数小时，洗净；南瓜去皮、籽，洗净，切丁；莲子提前泡发数小时，挑去莲心。

2. 锅置火上，倒入清水，放入大米、薏米、莲子，以大火煮开，加入南瓜煮至浓稠状，调入盐拌匀，撒上葱花即可。

小贴士

薏米泡发需要的时间久一点，可用温水提前浸泡。

南瓜鱼肉羹

本品具有补血养颜、延缓衰老的作用。其中的草鱼含有丰富的优质蛋白质、核酸和锌，有延缓肌肤衰老的作用，此外还含有钙、磷、铁等矿物质，滋补作用极佳。

主料
南瓜 200 克
草鱼 100 克

配料
盐 3 克
白糖 10 克
淀粉 5 克
味精 2 克
香菜 5 克
食用油适量

做法

1. 南瓜去皮，蒸熟剁蓉；草鱼处理干净后切成粒；香菜洗净切碎备用。

2. 草鱼粒装入盘，调入少许盐、少许白糖、少许淀粉，搅拌均匀后过油备用。

3. 锅上火，加入清水，大火煮开，放入南瓜蓉、剩余盐、味精、剩余白糖、草鱼粒煮约 1 分钟后转小火，加入剩余淀粉勾芡，撒上香菜末即可。

小贴士
草鱼剖杀后最好冷藏半天，口感更佳。

牛奶苹果羹

🕐 55 分钟
🔺 甘甜
☺ ★★★

本品具有嫩白肌肤、增强皮肤弹性的作用。其中的苹果是很好的减压水果，有润肠通便、排毒瘦身、预防色素沉着的作用；牛奶营养价值很高，常饮能润泽肌肤。

主料
大米 100 克
牛奶 100 毫升
青苹果 50 克
红苹果 50 克

配料
冰糖 5 克
葱花 5 克

做法

1. 大米淘洗干净，放入清水中浸泡 30 分钟；苹果洗净切小块。

2. 锅置火上，注入清水，放入大米煮至八成熟。

3. 放入苹果煮至米粒开花，倒入牛奶，放冰糖调匀稍煮，撒上葱花便可。

小贴士
倒入牛奶时宜改小火，以免营养成分流失。

牛肉菠菜羹

本品具有红润肌肤、改善气色的作用。其中的牛肉含铁丰富，有补血作用，且所含的氨基酸组成更适合人体需要，对人体滋补效果显著；菠菜、红枣皆富含铁，补铁补血效果较好。

主料
牛肉 80 克
菠菜 30 克
红枣 5 颗
大米 120 克

配料
姜丝 3 克
盐 3 克
胡椒粉 3 克
鸡精 3 克

做法

1. 菠菜洗净，切碎；红枣洗净，去核后，切成小粒；大米淘净，浸泡 30 分钟；牛肉洗净，切片。

2. 锅中加适量清水烧开，下入大米、姜丝、红枣、牛肉，转中火熬煮。

3. 下入菠菜熬煮成粥，加盐、鸡精、胡椒粉调味即可。

小贴士
水开后再放入大米，煮好的粥口感比较黏稠。

牛肉羹

本品具有嫩白肌肤、补血养颜的作用。其中的牛肉含铁丰富，可起到补血作用；蛋清水分较多，补水效果显著；韭黄中膳食纤维含量丰富，有排毒养颜之效。

主料

牛肉 50 克
蛋清 1 个
韭黄 10 克

配料

盐 3 克
鸡精 2 克
水淀粉 4 毫升
香油 5 毫升
姜 5 克
香菜 10 克

做法

1. 牛肉洗净，切粒；韭黄择洗干净，切粒；香菜洗净；姜洗净，切末。

2. 砂锅上火，放入适量清水、姜末，待水沸，下牛肉粒，煮沸，舀去浮沫。

3. 待牛肉熟时，放入韭黄、香菜，调入盐、鸡精，用水淀粉勾芡，淋入蛋清，搅拌均匀，淋上香油即可。

小贴士

牛肉煮熟后，烹煮时间不宜太长，以保持羹的鲜香。

糯米桂圆羹

本品具有补血养颜、滋润肌肤的作用。其中的桂圆有补血安神、健脑益智、补养心脾的功效，对贫血、睡眠质量不高者有较好的调理作用。

主料

糯米 40 克
桂圆肉 15 克
莲子 20 克
红枣 3 颗

配料

白糖 3 克

做法

1. 糯米提前泡发数小时，洗净；桂圆肉洗净；红枣洗净，去核，切小块；莲子洗净。

2. 锅中加清水，放入糯米、莲子煮开。

3. 加入桂圆、红枣同煮至呈浓稠状，调入白糖拌匀即可。

小贴士

糯米难以煮熟，最好提前浸泡数小时。

苹果大米羹

⏱ 60 分钟
🍴 酸甜
☺ ★★

本品具有养心润肺、活血养颜的作用。其中的山楂有行气散淤作用，有助于活血调经；苹果中的维生素、膳食纤维含量较为丰富，适合女性食用。

主料
山楂干 20 克
苹果 50 克
大米 100 克

配料
冰糖 5 克
葱花 5 克

做法

1. 大米淘洗干净，用清水浸泡 30 分钟；苹果洗净，切小块；山楂干用温水稍泡后洗净。

2. 锅置火上，放入大米，加适量清水煮至八成熟。

3. 再放入苹果、山楂干煮至米烂，放入冰糖调匀，撒上葱花便可。

小贴士
山楂干适宜用温水泡，用热水泡营养成分更易流失。

苹果胡萝卜奶羹

🕐 60 分钟
⚖ 鲜甜
☺ ★★

本品具有祛斑嫩肤、延缓肌肤衰老的作用。其中苹果含有抗氧化成分——维生素 C；胡萝卜中含有抗氧化成分——胡萝卜素，二者均可起到延缓肌肤衰老的作用；牛奶营养价值高，适合女性常饮用。

主料

苹果 25 克
胡萝卜 25 克
牛奶 100 毫升
大米 100 克

配料

白糖 5 克
葱花 5 克

做法

1. 胡萝卜、苹果洗净，切块；大米泡发 30 分钟，淘洗干净。

2. 锅置火上，注入清水，放入大米煮至八成熟。

3. 放入胡萝卜、苹果煮至粥将成，倒入牛奶稍煮，加白糖调匀，撒葱花便可。

小贴士

胡萝卜比苹果熟得慢，可以先将胡萝卜煮一会儿，再加入苹果块。

葡萄糯米羹

⏱ 35 分钟
🧂 香甜
😊 ★ ★

本品具有补中益气、延缓肌肤衰老的作用。其中的葡萄含有强氧化成分——类黄酮，有清除体内自由基、预防肌肤衰老的作用；胡萝卜中多种维生素含量丰富，有滋润皮肤、抗衰老的作用。

主料

葡萄 30 克
胡萝卜丁 20 克
糯米 100 克

配料

冰糖 5 克
葱花 5 克

做法

1. 糯米提前用清水浸泡数小时；葡萄洗净，去皮备用。
2. 锅置火上，注入清水，放入糯米煮至粥将成。
3. 放入葡萄、胡萝卜丁煮至米烂，放入冰糖稍煮后调匀，撒葱花便可。

小贴士

胡萝卜放入米粥中煮至七成熟后再加入葡萄，口感更佳。

荠菜豆腐羹

🕐 20 分钟
🍲 鲜香
☺ ★★

本品具有清热解毒、美肤养颜的作用。其中的荠菜含维生素 C 和胡萝卜素较多，适合爱美的女性食用。

主料

内酯豆腐 200 克
荠菜 150 克
清鸡汤 200 毫升

配料

盐 3 克
鸡精 2 克
香油 10 毫升
胡椒粉 3 克
水淀粉 10 毫升

做法

1. 内酯豆腐洗净，切小粒；荠菜洗净，切碎。
2. 把内酯豆腐、荠菜焯烫后捞出备用。
3. 将除水淀粉外的配料下锅煮开，再把内酯豆腐、荠菜放入锅内煮 10 分钟后，用水淀粉勾芡即可。

小贴士

荠菜切得碎点，煮出来的成品色泽更好看。

荞麦红枣羹

⏱ 85 分钟
🧂 香甜
😊 ★★

本品具有补血养颜的功效，其中的荞麦有"净肠草"之誉，有清理肠道废物、毒素的作用，有助于排毒养颜。

主料

荞麦 100 克
红枣 6 颗
桂圆肉 50 克

配料

白糖 30 克

做法

1. 荞麦提前泡发 1 个小时；桂圆肉、红枣均洗净。

2. 砂锅中加水，烧开，下入荞麦、桂圆、红枣，先用大火煮开，再转小火煲 40 分钟。

3. 起锅前，调入白糖，搅拌均匀即可食用。

小贴士

转小火后要煲得久一点，味道更加香醇。

青豆玉米粉羹

⏱ 60 分钟
🍲 浓香
😊 ★★

本品具有防皱抗皱的作用，其中的玉米粉含维生素 E 较多，有减少皱纹的作用；青豆含多种抗氧化成分，有延缓肌肤衰老的作用。

主料

玉米粉 50 克
香米 50 克
枸杞子 15 克
青豆仁 15 克

配料

盐 3 克

做法

1. 香米泡发 30 分钟，洗净；枸杞子、青豆仁洗净。

2. 锅置火上，放入香米用大火煮沸后，边搅拌边倒入玉米粉。

3. 再放入枸杞子、青豆仁，用小火煮至羹成，调入盐即可食用。

小贴士

边搅拌边倒玉米粉，则不易沾黏在一起，羹的黏稠度会更加均匀。

党参红枣羹

🕐 55 分钟
🔥 香软
😊 ★★

本品具有补血养颜、改善气色的作用。其中党参是气血双补的佳品；红枣可益气补血，二者搭配有美肤养颜之效。

主料

大米 50 克
党参 15 克
红枣 10 颗

配料

白糖 5 克

做法

1. 将所有材料洗净；大米泡软，红枣泡发。

2. 砂锅中放入党参，倒清水煮沸，转入小火煎煮 20 分钟。

3. 加大米和红枣，续煮至变稠即可熄火。起锅前，加入适量白糖。

小贴士

如果是干党参，可以提前入水浸泡一会。

三丝萝卜羹

🕐 50 分钟
🔺 鲜咸
☺ ★★★

本品具有美白养颜、延缓肌肤衰老的作用。其中胡萝卜中的胡萝卜素、白萝卜和青萝卜中的维生素 C，均可清除致人衰老的自由基，可滋润皮肤、抗衰老。

主料

胡萝卜 50 克
白萝卜 50 克
青萝卜 50 克
黑木耳 10 克
鸡蛋 1 个

配料

水淀粉 8 毫升
鸡精 2 克
盐 3 克

做法

1. 三种萝卜洗净，去皮，切丝；黑木耳泡发，洗净，切丝；鸡蛋打入碗内搅匀，备用。

2. 净锅上火，放入清水，大火烧沸，下入切好的三种萝卜丝和黑木耳。

3. 大火煮至萝卜丝熟透，调入盐、鸡精，用水淀粉勾芡后，淋入蛋液拌匀即可。

小贴士

将蛋液绕锅边淋入，羹品更诱人。

羊肉豌豆羹

⏱ 50 分钟
🧂 咸香
😊 ★★

本品具有补益气血、减肥瘦身的作用。其中的南瓜含有果胶，有助于吸附体内毒素，帮助排毒。

主料

南瓜 80 克

草果 30 克

羊肉 55 克

豌豆 35 克

大米 120 克

配料

盐 3 克

做法

1. 南瓜洗净，去皮，切小块；草果、豌豆洗净；羊肉洗净，切片，入开水中汆烫，捞出；大米淘净，提前泡好。

2. 大米入锅，加适量清水，大火煮开，下入羊肉、南瓜、豌豆、草果，转中火熬煮至粥成，加盐调味即可。

小贴士

羊肉入开水中汆烫可有效去除膻味。

山药莲子羹

🕐 60 分钟
🔺 清香
😊 ★★

本品具有抗衰抗皱的作用。其中的山药含有黏液蛋白、游离氨基酸、多酚氧化酶等有助于滋补的物质；胡萝卜含抗氧化成分胡萝卜素；莲子有益心固肾的作用。三者搭配有助于预防肌肤衰老。

主料

山药 30 克
胡萝卜 15 克
莲子 15 克
大米 90 克

配料

盐 2 克
味精 1 克
葱花 5 克

做法

1. 山药去皮，洗净，切块；莲子洗净，泡发，挑去莲心；胡萝卜洗净，切丁；大米洗净，泡发 30 分钟后捞出沥干水分。

2. 锅内注水，放入大米，用大火煮至米粒绽开，再放入莲子、胡萝卜、山药；改用小火煮至浓稠时，放入盐、味精调味，撒上葱花即可。

小贴士

也可根据个人喜好加入少量香菜段。

山药芝麻羹

⏱ 60 分钟
🧂 鲜香
☺ ★★★

本品有排毒抗皱、乌发美容的作用。其中的黑芝麻含有丰富的油脂，既有助于润肠通便，又能增强皮肤弹性，还能养血乌发；小米滋阴的功效显著，是常见的滋补佳品。

主料

山药 15 克
黑芝麻 20 克
小米 70 克

配料

盐 2 克
葱 8 克

做法

1. 小米泡发 30 分钟，洗净；山药去皮，洗净切丁；黑芝麻洗净；葱洗净切成葱花。

2. 锅中水烧开，放入小米、山药煮开；加入黑芝麻同煮至浓稠状，调入盐拌匀，撒上葱花即可。

小贴士

小米与大米搭配可发挥二者的互补作用，故本品也可加入适量大米。

山楂冰糖羹

本品具有美肤养颜、排毒瘦身的功效。其中的山楂含有抗氧化成分维生素 C，有延缓肌肤衰老的作用，女性吃山楂还能减少对脂肪的吸收。

主料
鲜山楂 30 克
大米 100 克

配料
冰糖 5 克

做法

1. 大米洗净，放入清水中浸泡 30 分钟；山楂洗净。

2. 锅置火上，放入大米，加适量清水煮至七成熟。

3. 放入山楂煮至米粒开花，放入冰糖煮融后调匀便可。

小贴士

山楂味酸，加热后会变得更酸，放入冰糖能适当减轻其酸味。

桂圆枸杞子羹

⏱ 45 分钟
🍚 香软
😊 ★★★

本品具有红润肤色、滋补养颜的作用。其中的桂圆是不可多得的抗衰老食物，有补血安神、补养心脾的作用，常食能使女性脸色红润，身材丰满。

主料

桂圆 50 克
大米 100 克
枸杞子 10 克

配料

盐 2 克

做法

1. 桂圆去壳，洗净；枸杞子洗净。

2. 将大米泡发 30 分钟再淘洗干净，放入锅中，加入桂圆、枸杞子一同熬煮 30 分钟左右，直至大米软烂；加入盐调味即可。

小贴士

也可放入少许核桃仁，营养价值更高。

双桃羹

⏱ 48 分钟
🧂 香甜
☺ ★★★

本品具有滋润抗皱、补血养颜的功效。其中的猕猴桃富含维生素 C、果酸，常食可使肌肤柔软、光亮；樱桃中含铁量高，有补血、红润肌肤之效，用樱桃汁擦脸还能使皮肤红润嫩白、祛皱消斑。

主料

猕猴桃 30 克
樱桃 4 颗
大米 80 克

配料

白糖 11 克

做法

1. 大米洗净，放在清水中浸泡 30 分钟；猕猴桃去皮，洗净，切小块；樱桃洗净，切块。

2. 锅置火上，注入清水，放入大米煮至米粒绽开后，放入猕猴桃、樱桃同煮。

3. 改用小火煮至羹成后，调入白糖即可。

小贴士

挑选猕猴桃的时候选稍硬一点的最好。

四仁鸡蛋羹

🕐 40 分钟
🧂 鲜香
☺ ★★★

本品具有抗衰抗皱的作用。其中的核桃含有丰富的亚油酸，是人体理想的肌肤美容品，常食可润泽肌肤、乌发养颜。花生仁、白果、杏仁、鸡蛋中也均含有滋润肌肤的有益成分。

主料

核桃仁 50 克
花生仁 50 克
白果 30 克
甜杏仁 30 克
鸡蛋 2 个

配料

白糖 5 克

做法

1. 白果去壳、去皮；鸡蛋撒入碗中拌匀，备用。

2. 白果、甜杏仁、核桃仁、花生仁均焙干研磨成末，用瓶罐收藏，放于阴凉处。每次取 20 克加水煮沸，冲入蛋液，加白糖调匀即可。

小贴士

坚果研磨后要密封装好，发潮了容易受虫蛀。

宋嫂鱼羹

🕐 35 分钟
🧂 鲜咸
☺ ★★★

本品具有排毒抗皱的作用。其中的鳜鱼肉为鱼中之佳品，富含抗氧化成分，有延缓肌肤衰老的作用；蛋黄中含维生素种类较为齐全，含铁量也较多，适合爱美的女性食用。

主料

鳜鱼肉 80 克
蛋黄 40 克

配料

姜末 3 克
盐 3 克
胡椒粉 3 克
水淀粉 10 毫升
葱丝少许

做法

1. 鳜鱼肉上笼蒸 5 分钟，取出拨出鱼肉；蛋黄打散。

2. 锅中加水煮沸，加入鱼肉、盐、姜末煮沸，用水淀粉勾芡，与蛋黄液倒入锅内搅匀，待再沸时，撒上胡椒粉，用葱丝装饰即可。

小贴士

勾芡时要均匀适度，切忌有粉块。

特别黄鱼羹

⏱ 30 分钟
🍲 鲜香
☺ ★★★

本品具有补血补虚的作用。其中的黄鱼含有丰富的蛋白质、微量元素和维生素，对女性贫血、失眠、头晕、体虚等有较好的调理作用。

主料

海参 30 克
虾仁 25 克
黄鱼肉 25 克
香菇 25 克
鸡蛋清 70 克
豌豆 10 克

配料

淀粉 10 克
盐 3 克
料酒 15 毫升
食用油适量

做法

1. 将黄鱼肉、海参、香菇均洗净，切成小方丁；豌豆洗净。

2. 虾仁用清水洗净沥干，加蛋清、少许淀粉、少许盐拌匀上浆。

3. 热锅下油，将黄鱼丁放入略炒，烹入料酒，加盖略焖去腥，放入海参、香菇、豌豆，加剩余盐和虾仁氽熟，用剩余淀粉勾芡成羹状即成。

小贴士

海参、虾仁均为发物，皮肤病患者忌食。

土豆蛋黄奶羹

🕐 60 分钟
🔺 鲜香
☺ ★★

本品具有美白养颜的功效。其中的蛋黄含营养素较为齐全，滋补效果显著；牛奶能润泽肌肤，经常饮用可使皮肤白皙、光滑及增加弹性。

主料

土豆 30 克
熟蛋黄 1 个
牛奶 100 毫升
大米 80 克

配料

白糖 3 克
葱花 5 克

做法

1. 大米洗净，入清水中浸泡 30 分钟；土豆去皮，洗净，切成小块后放入清水中稍泡；熟蛋黄切小块备用。

2. 锅置火上，注入清水、大米同煮至五成熟。

3. 放入牛奶调匀后放入土豆，煮至米粒开花，放入蛋黄，加白糖调匀，撒上葱花即可。

小贴士

撒上葱花能增加香味。

兔肉红枣羹

- 50 分钟
- 咸香
- ★★

本品具有抗皱抗衰的作用。其中的兔肉是理想的保健、美容、滋补食品，常食可减少面部皱纹，增强皮肤弹性。

主料

兔肉 150 克
红枣 6 颗
香菇 60 克
大米 80 克
高汤 100 毫升

配料

料酒 3 毫升
盐 3 克
葱花 5 克
食用油适量

做法

1. 大米淘净，浸泡好；兔肉洗净，切片，用料酒腌制；香菇洗净，切片；红枣洗净，去核，切成小块。

2. 油锅烧热，放入兔肉过油，加入高汤，下大米煮沸，下入香菇、红枣，转中火熬煮 30 分钟。

3. 转小火熬煮成粥，加盐调味，撒上葱花即可。

小贴士

兔肉煮久一点更易入味。

豌豆鲤鱼羹

⏰ 45 分钟
🔺 鲜香
☺ ★★

本品具有健脾嫩肤的作用。其中的鲤鱼富含优质蛋白质，有助于增强肌肤弹性；青豆含有维生素 A 原，有润泽肌肤、保护皮肤黏膜的作用。

主料

豌豆 20 克
鲤鱼 50 克
大米 80 克

配料

盐 3 克
蒜末 3 克
姜丝 3 克
枸杞子 5 克
料酒 5 毫升

做法

1. 大米、豌豆均洗净，提前浸泡好；鲤鱼收拾干净切小块，用料酒去腥。
2. 锅中放入大米，加适量清水煮至五成熟。
3. 放入鱼肉、豌豆、姜丝、蒜末、枸杞子煮至浓稠，加盐调匀即可。

小贴士

蒜末最后加入，提味效果显著。

乌鱼蛋羹

- 30 分钟
- 鲜咸
- ★★

本品具有补益气血、美白养颜的作用。其中的乌鱼蛋蛋白质含量丰富，还含有多种维生素及钙、磷、铁等营养素，常食可滋阴养血、美肤润肤。

主料

乌鱼蛋 200 克
米酒 100 毫升

配料

葱 5 克
盐 3 克
鸡精 3 克
水淀粉 10 毫升

做法

1. 乌鱼蛋洗净，放入凉水锅中，大火煮沸，煮透捞出，切成片；葱洗净切末。

2. 锅中加水、米酒，放入乌鱼蛋，加鸡精、盐调味。

3. 起锅前放入水淀粉勾芡，撒入葱花即可。

小贴士

乌鱼蛋宜选购饱满坚实、体表光洁、蛋层揭片完整者。

西瓜玉米羹

🕐 50 分钟
🔺 香甜
☺ ★★★

本品具有滋阴养颜、润肠排毒的作用。其中的西瓜、玉米、苹果含维生素种类较为齐全，有滋补养颜之效；牛奶有美白肌肤、润泽肌肤的作用。

主料

西瓜粒 20 克
玉米粒 20 克
牛奶 100 毫升
苹果 100 克
糯米 100 克

配料

白糖 3 克
葱花 5 克

做法

1. 糯米洗净，用清水浸泡 30 分钟；苹果洗净，切小块；玉米粒洗净。

2. 锅置火上，入糯米，注清水煮至八成熟。

3. 放入西瓜、苹果、玉米粒煮至羹将成，倒入牛奶稍煮，加白糖、葱花调匀便可。

小贴士

牛奶最后加入，营养成分流失较少。

西湖牛肉羹

⏱ 60 分钟
🔥 咸香
☺ ★★

本品具有细致肌肤、滋养皮肤的作用。其中的河蟹含有丰富的蛋白质及多种微量元素，滋补效果甚佳；香菇含有多种氨基酸和维生素，有助于抑制色素沉着；牛里脊肉不但富含优质蛋白质，而且补血效果显著。

主料

牛里脊肉 50 克
河蟹 1 只
水发香菇 30 克

配料

香菜 10 克
盐 3 克
水淀粉 10 毫升
香油 5 毫升

做法

1. 牛里脊肉、香菜、香菇均洗净，切末。

2. 河蟹去内脏，洗净切块煮熟，挖出蟹肉，切碎。

3. 锅中加水烧沸，加牛肉末、香菇末及蟹末煮熟，加盐调味，用水淀粉勾芡调匀，出锅装盘，淋上香油，撒上香菜末即可。

小贴士

水淀粉不可加得过多或过少，过多则太黏稠，过少则影响口感。

西蓝花香菇羹

本品具有细致肌肤、使肌肤白皙的作用。其中的西蓝花含有丰富的维生素 C，有助于减少色素的沉着，淡化色斑；香菇含微量元素丰富，是美容养颜的佳品。

主料

西蓝花 35 克
香菇 20 克
胡萝卜 20 克
大米 100 克

配料

盐 2 克
味精 1 克

做法

1. 大米泡发 30 分钟，洗净；西蓝花洗净，撕成小朵；胡萝卜洗净，切成小块；香菇洗净，切条。

2. 锅置火上，注入清水，放入大米用大火煮至米粒绽开后，放入西蓝花、胡萝卜、香菇；改用小火煮至粥成后，加入盐、味精调味，即可食用。

小贴士

西蓝花撕朵不宜太小，容易散落太多碎末。

虾米节瓜羹

本品具有补水保湿、滋润肌肤的作用。其中的虾含蛋白质较多，有助于增强肌肤弹性；节瓜有补水保湿的作用；红枣可使肌肤红润。

主料

虾米 40 克
节瓜 50 克
红枣 3 颗
大米 50 克

配料

盐 3 克
胡椒粉 1 克
姜 5 克
葱 3 克

做法

1. 节瓜、姜去皮，洗净，切丝；虾米洗净备用；葱洗净切成葱花；红枣去核洗净，切丝备用。

2. 锅上火，注入适量清水，加入姜丝、红枣丝，大火烧沸后，放入洗净的大米，再次烧沸后，转用小火熬煮。

3. 熬至米粒软烂时，放入虾米、节瓜丝，继续煮，至成米糊状，调入少许盐、胡椒粉，搅拌均匀，加葱花即可食用。

小贴士

有过敏性疾病者可不放虾米。

青菜胡萝卜羹

🕐 35 分钟
🧂 清香
😊 ★★★

本品有排毒养颜、抗皱抗衰的作用。其中的青菜富含维生素 C 和膳食纤维；胡萝卜含有抗氧化成分——胡萝卜素。二者搭配食用，尤其适合爱美的女性食用。

主料

青菜 50 克
胡萝卜 15 克
糯米 80 克

配料

盐 2 克
味精 1 克

做法

1. 糯米提前泡发好；胡萝卜洗净，切块；青菜洗净，切成细丝。

2. 锅置火上，注入清水，放入大米，煮至米粒绽开后，放入胡萝卜同煮。

3. 再放入青菜丝煮至粥成后，调入盐、味精入味，即可食用。

小贴士

也可加入少许芹菜末，口感更佳。

香蕉鸡蛋羹

⏰ 28 分钟
🍚 香甜
😊 ★★

本品有淡斑祛斑、美白肌肤的作用。其中的香蕉、玉米维生素种类较为齐全，玉米中富含的维生素 E 还有延缓肌肤衰老、减少皱纹的作用；鸡蛋富含优质蛋白质，有助于滋养肌肤。

主料

香蕉 100 克
玉米 50 克
鸡蛋 1 个

配料

白糖 3 克
水淀粉 5 毫升
姜 5 克

做法

1. 香蕉剥去皮切粒；玉米剥粒，剁蓉；鸡蛋打入碗中搅匀；姜洗净切末。

2. 锅置大火上，加清水烧开，放入玉米蓉、白糖，大火煮开。

3. 转用中火，煮至玉米蓉与水混为一体时，调入香蕉粒稍煮，放入少许水淀粉、蛋液搅拌均匀，加姜末即可出锅。

小贴士

如果羹太稀，可再加一个鸡蛋。

香蕉玉米羹

⏰ 60 分钟
🍲 鲜香
☺ ★★

本品具有润肤养颜的作用。其中的香蕉含有多种维生素和矿物质，且膳食纤维含量丰富，是美容、减肥的佳品；玉米含有维生素较多，尤其是维生素 E，有防止皮肤病变、延缓衰老的功效。

主料

香蕉 50 克
玉米粒 50 克
豌豆 20 克
胡萝卜 20 克
大米 80 克

配料

冰糖 12 克

做法

1. 大米泡发 30 分钟，洗净；香蕉去皮，切片；玉米粒洗净；豌豆、胡萝卜洗净，切成小丁。

2. 锅置火上，注入清水，放入大米，用大火煮至米粒绽开。

3. 放入香蕉、玉米粒、豌豆、胡萝卜丁、冰糖，用小火煮至羹闻见香味时即可食用。

小贴士

香蕉也可放得更晚一些，避免维生素流失。

香甜苹果羹

⏱ 60 分钟
🫕 香甜
😊 ★★

本品具有滋润肌肤的作用。其中的苹果富含维生素 C，有美白肌肤的作用，另外还富含膳食纤维，有助于瘦身排毒，抑制色素的沉着。

主料

大米 100 克
苹果 30 克
玉米粒 20 克

配料

冰糖 5 克
葱花 5 克

做法

1. 大米淘洗干净，用清水浸泡 30 分钟；苹果洗净后切块；玉米粒洗净。

2. 锅中放入大米，加适量清水煮至八成熟。

3. 放入苹果、玉米粒煮至米烂，放入冰糖熬融调匀，撒上葱花便可。

小贴士

玉米粒最好用新鲜的，味道清香。

芝麻豌豆羹

🕐 30 分钟
🔥 清香
😊 ★★

本品具有养血润燥、乌发养颜的作用。其中的豌豆具有"祛除面部黑斑，令面部有光泽（语出《本草纲目》）"的功效；黑芝麻中维生素 E 含量高，常食能增加皮肤弹性，润燥乌发。

主料

豌豆 200 克
黑芝麻 30 克

配料

白糖 5 克

做法

1. 豌豆洗净，提前泡 2 个小时，磨成浆。

2. 黑芝麻炒香，稍稍研碎备用。

3. 豌豆浆入锅中熬煮，加入黑芝麻，煮至浓稠，加入白糖拌匀，盛出，撒上黑芝麻（分量外）即可。

小贴士

白糖也可用冰糖代替。

蟹味豆腐羹

⏱ 38 分钟
🧂 鲜香
☺ ★★★

本品具有滋润肌肤、抗衰抗皱的作用。其中的蟹肉含有丰富的蛋白质和微量元素，有滋润肌肤的作用；豆腐含有大量植物蛋白质，有助于维持肌肤弹性。

主料

蟹肉 80 克
蟹黄 80 克
豆腐丁 80 克
青豆 80 克
鸡汤 100 毫升

配料

盐 3 克
胡椒粉 3 克
水淀粉 10 毫升
姜片 3 克
葱段 5 克
枸杞子 10 克
食用油适量

做法

1. 豆腐切丁，焯水后洗净，沥水备用；青豆洗净。

2. 炒锅上火，放油，投入姜、葱煸香，放入蟹肉、蟹黄煸炒，拣去姜、葱，放入鸡汤、豆腐丁、青豆、枸杞子烧沸，加入盐，用水淀粉勾芡，装入汤碗，撒上胡椒粉即可。

小贴士

蟹适合搭配葱、姜，有助于减轻蟹的寒性。

蟹黄玉米羹

- ⏱ 40 分钟
- 🍲 咸香
- 😊 ★★

本品具有美肤抗皱、延缓肌肤衰老的作用。其中的蟹黄和鸡蛋滋补效果显著，有助于预防肌肤衰老；西红柿中维生素 C、番茄红素含量丰富；玉米中维生素 E 含量丰富。几种食材搭配起来，均对肌肤有滋养作用。

主料

玉米粒 200 克
西红柿 100 克
蟹黄 50 克
鸡蛋 2 个

配料

盐 3 克
味精 3 克
食用油适量

做法

1. 将玉米粒洗净剁碎；西红柿洗净，切片；鸡蛋打入碗中备用。

2. 炒锅上火倒入油，下入西红柿煸炒，倒入水，下入玉米粒，调入盐、味精，煲至熟，撒入蟹黄、蛋液，煲至熟即可。

小贴士

倒入蛋液的时候火不宜太大，否则容易出现碎末。

鳕鱼羹

🕐 60 分钟
🍲 鲜香
😊 ★★

本品具有滋润肌肤、抗皱抗衰的作用。其中的鳕鱼蛋白质含量非常高，还含有多种维生素和矿物质，对肌肤滋补效果显著。

主料

鳕鱼肉 50 克
香米 100 克

配料

盐 3 克
味精 2 克
料酒 3 毫升
枸杞子 3 克
葱花 3 克
香油 3 毫升
胡椒粉 3 克

做法

1. 香米淘洗干净，用清水浸泡 30 分钟；鳕鱼肉收拾干净后切小块，用料酒腌制。

2. 锅置火上，放入香米，加适量清水煮至五成熟。

3. 放入鳕鱼、枸杞子煮至米粒开花，加盐、味精、香油、胡椒粉调匀，撒上葱花即可。

小贴士

鳕鱼用料酒腌制能有效去除腥味。

椰果小米羹

⏱ 40分钟
🍯 香甜
☺ ★★

本品具有美容养颜、减肥瘦身的作用。其中的椰果是很好的天然膳食纤维食品，能促进肠胃蠕动，预防便秘，改善消化功能。

主料

小米 90 克
椰果 30 克
木瓜 25 克
豌豆 25 克

配料

白糖 5 克

做法

1. 小米洗净；椰果洗净，切块；木瓜去皮、去籽，切块；豌豆洗净。

2. 锅置火上，注水后，放入小米、豌豆，开大火煮至米粒绽开，放入椰果、木瓜。

3. 用小火煮至浓稠状，调入白糖即可。

小贴士

宜选购白色或乳白色凝胶状、无杂质的椰果。

椰汁薏米羹

⏱ 45分钟
🧂 清香
☺ ★★

本品具有保湿嫩肤的作用。其中的椰汁含有丰富的 B 族维生素、维生素 C 及蛋白质，有助于促进细胞再生，滋润肌肤。

主料

椰汁 50 毫升
薏米 80 克
豌豆 15 克
玉米粒 15 克
胡萝卜 15 克

配料

冰糖 7 克
葱花 5 克

做法

1. 薏米提前泡发好；玉米粒洗净；胡萝卜洗净，切丁；豌豆洗净。

2. 锅置火上，注入水，加入薏米煮至米粒开花后，加入玉米、胡萝卜、豌豆同煮。

3. 煮至米粒软烂时，加入冰糖煮至融化，待凉时，加入椰汁，撒上葱花即可食用。

小贴士

椰汁宜现用现取，放置时间过久的椰汁味道会变淡。

薏米绿豆羹

- 🕐 60 分钟
- 🔺 香软
- ☺ ★★★

本品具有清热解毒、滋润肌肤的作用。薏米含有较多的维生素 B_1、维生素 E，有助于保持肌肤的光滑细嫩，对改善肤色、消除色斑有效。

主料

大米 60 克
薏米 40 克
玉米粒 30 克
绿豆 30 克

配料

盐 2 克

做法

1. 大米、薏米、绿豆均泡发 30 分钟，洗净；玉米粒洗净。

2. 锅置火上，倒入适量清水，放入大米、薏米、绿豆，以大火煮至开花。

3. 加入玉米粒煮至浓稠状，调入盐拌匀即可。

小贴士

加入少量碱面，可使绿豆更易熟透，且能增加香味。

青豆泥南瓜羹

🕐 70 分钟
🧂 清香
☺ ★★★

本品具有滋润抗皱、延缓肌肤衰老的作用。其中的南瓜有助于排毒减肥；青豆含亚油酸和维生素 E，可抗衰、润燥、乌发，有助于增强皮肤弹性，延缓肌肤衰老。

主料

青豆仁 100 克
南瓜 300 克
高汤适量

配料

盐 3 克
白糖 5 克

做法

1. 青豆仁洗净，浸泡 30 分钟后捞出，沥干备用；南瓜去皮去瓤，洗净切小块。

2. 果汁机洗净，分别下入南瓜和青豆搅拌成泥，各倒入一碗内。

3. 锅中倒入高汤烧热，下入南瓜泥煮成糊状，加盐、白糖调味，盛出后倒上青豆泥即可。

小贴士

也可加入碎花生仁，润肤效果更佳。

玉米党参羹

本品具有益气补血、改善肤色的作用。其中的党参有健脾益肺、养血生津的作用，对气血不足、面色萎黄、食欲不佳有较好的调理作用。

主料
玉米糁 120 克
党参 15 克
红枣 4 颗

配料
冰糖 8 克

做法

1. 红枣去核洗净；党参洗净，润透，切成小段。

2. 锅置火上，注入清水，放入玉米糁煮沸后，下入红枣和党参。

3. 煮至浓稠、闻见香味时，放入冰糖调味，即可食用。

小贴士
也可以根据自己的口味加入适量大米同煮。

银耳山药羹

⏲ 40 分钟
△ 清香
☺ ★★★

本品具有润肤祛斑、滋润肌肤的作用。其中的银耳滋阴效果显著，还有提高肝脏解毒作用的功效，适合爱美的女性常食。

主料
山药 200 克
银耳 80 克

配料
白糖 15 克
水淀粉 10 毫升

做法

1. 山药去皮、洗净，切成块；银耳洗净，提前用水泡 2 个小时至软，然后去硬蒂，切小朵。

2. 砂锅洗净，所有主料放入锅中，倒入适量水煮开，加入白糖调味，再加入水淀粉勾薄芡，搅拌均匀。

小贴士

切山药的时候动作要快，然后迅速投入冷水，预防有益成分被氧化。

枣仁大米羹

🕐 25 分钟
🔺 酸甜
☺ ★★

本品具有美肤、养心的作用。其中的酸枣仁有宁心安神、养肝敛汗的作用，对女性面色萎黄、睡眠不佳有一定的调理作用，有助于改善气色。

主料
大米 100 克
酸枣仁 15 克

配料
白糖 10 克

做法

1. 将大米泡发 30 分钟，洗净；酸枣仁洗净，备用。

2. 酸枣仁用刀切成碎末。

3. 锅中倒入大米，加水煮至将熟，加入酸枣仁末，搅拌均匀，再煮片刻。

4. 起锅前，加入白糖调好味即可

小贴士

宜选购呈扁圆形、表面为红色或紫褐色的酸枣仁。

鱼肚菇丝羹

🕐 55 分钟
🔥 咸香
☺ ★★★

本品具有滋润抗皱、美白肌肤的作用。其中的鱼肉富含优质蛋白质，有助于增加肌肤弹性；香菇含多种维生素，有助于抑制色素的产生，预防色斑。

主料

鱼肚 50 克
香菇 20 克
韭黄 20 克
鸡蛋 1 个

配料

盐 3 克
姜末 3 克
水淀粉 10 毫升
香菜段 5 克

做法

1. 鱼肚、香菇泡发 30 分钟，洗净，切丝；韭黄洗净，切粒；鸡蛋留蛋清搅匀；香菜段洗净。

2. 锅加清水，加盐、姜末烧沸，入鱼肚、香菇煮熟。放入韭黄，用水淀粉勾芡后，淋入蛋清搅匀，撒上香菜段即可出锅。

小贴士

香菇稍炒一下再入锅煮，口感更好。

杂果甜羹

⏰ 35 分钟
🔺 香甜
☺ ★★

本品具有排毒养颜、使皮肤细腻的作用。其中的水果含有多种维生素和膳食纤维，有助于增强新陈代谢、促进排毒；胡萝卜含有抗氧化成分胡萝卜素，有助于保养皮肤，延缓肌肤衰老。

主料

红苹果 50 克
梨 50 克
青苹果 50 克
鸡蛋 1 个
玉米蓉 1 罐
胡萝卜 20 克

配料

白糖 10 克
水淀粉 10 毫升

做法

1. 红苹果、梨、青苹果、胡萝卜均洗净，切丝，用清水浸泡 3 分钟；鸡蛋打散备用。

2. 锅中加水，烧沸，入水果丝、胡萝卜丝和玉米蓉。

3. 待锅中汤再次煮沸，调入少许水淀粉勾芡，淋入蛋液，放入白糖搅拌均匀后，即可食用。

小贴士

水果可以不去皮，直接食用。

南瓜羹

⏱ 50分钟
🧂 鲜甜
☺ ★★★

本品具有润肠排毒、改善气色的作用。其中的南瓜有润肠通便之效；枸杞子可补肝明目，有助调理脏腑功能。二者搭配对人体滋补作用较强。

主料

南瓜 300 克
大米 150 克
枸杞子 10 克

配料

白糖 6 克

做法

1. 南瓜去皮，洗净，切块；大米泡发 30 分钟，淘洗干净；枸杞子洗净。锅倒水烧开，放入南瓜块煮熟后，捞出，捣烂成泥。

2. 锅倒入水，加入大米、枸杞子烧开，煮至黏稠后，倒入南瓜泥，加白糖调匀，出锅即可。

小贴士

脾胃虚弱的人可以多食用本品。

第三章

美人汤为您
再添风姿

汤品是各种食品加大量水、佐料，经小火慢煮出来的美味食品，长时间的炖煮使汤品不但拥有了多种滋味，而且将食物的营养成分析出得更彻底，营养价值更高。所以滋补的汤品更能令您吸收到充足的营养，越喝越美。本章精选了上百道具有美容功效的美人汤，让您在汤品的滋润下，从里到外，散发出迷人的光彩。

巧手煲出美味汤

要使喝汤真正起到润肤养颜、美容滋润的作用，在制作和饮用时要遵循一定的科学原则，否则就可能起不到真正的食疗作用。

精心选料

这是制好鲜汤的关键所在。用于做汤的原料，通常为动物性原料，如鸡肉、鸭肉、猪瘦肉、猪肘子、猪骨、火腿、板鸭、鱼类、牛肉、羊肉等。采购时应注意选择鲜味足、异味小、血污少的。这类食品含有丰富蛋白质和核苷酸等，家禽肉中能溶解于水的含氮浸出物，是汤鲜味的主要来源。

用材新鲜

新鲜并不是传统的"肉吃鲜杀，鱼吃跳"的时鲜。所说的鲜，是指鱼、畜、禽被宰杀后 3 ~ 5 小时，此时鱼、畜或禽肉的各种酶使蛋白质、脂肪等分解为人体易于吸收的氨基酸、脂肪酸，味道也最好。

巧用炊具

做鲜汤以陈年瓦罐的煨煮效果最佳。瓦罐是由不易传热的石英、长石、黏土等原料配合成的陶土，经过高温烧制而成。其通气性、吸附性好，还具有传热均匀、散热缓慢等特点。煨制鲜汤时，瓦罐能均衡而持久地把外界热量传递给内部原料，相对平衡的环境温度，有利于水分子与食物的相互渗透，这种相互渗透的时间维持得越长，鲜香成分溶出得越多，汤的滋味越鲜醇，食材口感越酥烂。

掌握火候

煨汤要大火烧沸，小火慢煨。这样可使食物蛋白质浸出物等鲜香物质尽可能地溶解出来，使汤品鲜醇味美。用小火长时间慢炖，才能使浸出物溶解得更多，既清澈，又香浓。

合理配水

水既是鲜香食品的溶剂，又是传热的介质。水温的变化、用量的多少，对汤的风味有着直接的影响。因此要把握好煲汤的用水量，同时应使食品与冷水一起受热，即不直接用沸水煨汤，也不中途加冷水，以使食品的营养物质缓慢地析出，最终达到汤色清澈的效果。

搭配适宜

许多食物已有固定的搭配模式，使营养素起到互补作用，即餐桌上的黄金搭配。如海带炖肉汤，酸性食品肉与碱性食品海带起到组合效应，这是一种很风行的长寿食品。为使汤的口味纯正，一般不用多种动物食品同煨。

操作精细

注意调味用料的投放顺序，特别注意熬汤时不宜先放盐，因盐具有渗透作用，会使原料中水分排出，蛋白质凝固，鲜味不足。一般来说，60～80℃的温度易破坏部分维生素，而煲汤时食物温度长时间地维持在85～100℃。因此，若在汤中加蔬菜应随放随吃，以减少维生素C的破坏。汤中适量放入味精、香油、胡椒、姜、葱、蒜等调味品，使其别具特色，但注意用量不宜太多，以免影响汤的原味。

喝汤时间

"饭前喝汤，苗条健康；饭后喝汤，越喝越胖"，这有一定的道理。吃饭前喝汤，等于给胃肠加润滑剂，中途不时喝点汤水，有助食物稀释和搅拌，有益于胃肠对食物的消化和吸收。同时，吃饭前喝汤，让胃部充盈，可减少主食的摄入，避免过多地摄入能量。而饭后喝汤，容易引起营养过剩。

其他窍门

汤变鲜：熬汤时用冷水，并且不要过早放盐，盐会使肉里含的水分很快排出，也会加快蛋白质的凝固，影响汤的鲜味；酱油也不宜早加，葱、姜和酒等佐料不要放得太多，否则会影响汤汁本身的鲜味。

汤变清：要想汤清、不浑浊，必须用微火烧，使汤只开锅、不滚腾。因为大火煮开，会使汤里的蛋白质分子凝结成许多白色颗粒，汤汁就会浑浊不清。

汤变浓：在没有鲜汤的情况下，要使汤汁变浓，一是在汤汁中勾上薄芡，使汤汁增加稠厚感；二是加油，令油与汤汁混合成乳浊液。方法是先将油烧热，冲下汤汁，盖严锅盖用大火烧煮片刻，汤就会变浓。

汤变淡：把大米缝在棉布袋里，放进汤中一起煮，盐分就会被吸收进去，汤就会变淡；也可放入一个洗净的生土豆，煮5分钟，效果一样。

美容汤常用药材食材

土豆

土豆具有抗衰老的功效。它含有丰富的维生素，还含有微量元素、蛋白质、脂肪和优质淀粉等营养素。而且其所含的膳食纤维也很丰富，能帮助人体吸附油脂和废物，具有通便排毒作用。

冬瓜

冬瓜不含脂肪，膳食纤维高达0.8%，营养丰富而且结构合理，尤其是在煲汤时使用，不仅可以吸走汤中的油腻，还可以使汤品更鲜香。冬瓜中所含的丙醇二酸，能有效地抑制糖类转化为脂肪，加之冬瓜本身不含脂肪，热量不高，对于防止人体发胖具有重要意义，可以帮助瘦身。此外，冬瓜性寒味甘，能清热生津、解暑除烦，在夏日食用尤为适宜。

海带

海带是一种营养价值很高的蔬菜，同时具有一定的药用价值。其含热量低、蛋白质含量中等、矿物质丰富，尤其是碘含量较高。海带具有降血脂、降血糖、

调节免疫力、抗凝血、抗肿瘤、解毒和抗氧化等作用，用来煲汤排毒效果不言而喻。

白萝卜

白萝卜中含有丰富的维生素 A、维生素 C 等多种维生素，能防止皮肤的衰老，阻止色斑的形成，保持皮肤的白嫩。此外维生素 A 和维生素 C 都有抗氧化的作用，可以有效抑制癌症，也可以延缓衰老及预防动脉硬化等，所以煲汤用它，养生功效更佳。

山药

山药含有多种微量元素、丰富的维生素，尤其钾的含量较高，所含热量又相对较低，经常食用，有减肥健美的作用。山药还可增加人体 T 淋巴细胞活性，增强免疫功能，能延缓细胞衰老，具有抗衰的作用。

人参

人参自古誉为"百草之王"，是扶正固本的佳品，其含多种皂苷和多糖类成分，浸出液可被皮肤缓慢吸收且无不良刺激；能扩张皮肤毛细血管，促进皮肤血液循环，增加皮肤营养，调节皮肤的水油平衡，防止皮肤脱水、硬化、起皱。

人参活性物质能抑制黑色素形成，使皮肤洁白光滑，能增强皮肤弹性，是护肤美容的极品。

桂圆

桂圆含有维生素 B_1、维生素 B_2、烟酸、维生素 C 以及丰富的葡萄糖、蔗糖、蛋白质等，含铁量也较高，可在补充营养的同时，促进血红蛋白再生以补血。具有益气补血、安神定志的功效。煲汤时放两颗桂圆，不仅增添汤的甘甜，还有益养颜。

枸杞子

枸杞子含有丰富的胡萝卜素、多种维生素和钙、铁等营养物质，有明目之功，被称为"明眼子"，枸杞子还有保护肝脏、延缓衰老、滋肾养肝的功效。汤品中添加枸杞子不仅可使汤品美观，其营养价值也会增加。

白菜煲排骨

⏱ 60 分钟
🍲 鲜香
😊 ★★

本品具有润泽皮肤、延缓肌肤衰老的作用。其中的小白菜含有大量胡萝卜素和维生素 C，能增强皮肤抵抗衰老的能力，延缓肌肤衰老。

主料
猪排骨 180 克
小白菜 100 克

配料
姜 10 克
盐 3 克
味精 3 克

做法

1. 猪排骨斩块；小白菜择去老叶后洗净；姜洗净切片。

2. 猪排骨入沸水锅中汆烫，捞出，清洗干净。

3. 锅中放水，下入姜片、猪排骨煲 50 分钟，再下入小白菜，调入盐、味精，煮至入味即可。

小贴士
小白菜烹制时间不宜太长，以免维生素流失过多。

百合桂圆肉汤

本品具有补血养颜、减少皱纹、延缓肌肤衰老的作用。其中的百合有滋阴润燥的作用；桂圆有滋补效果。二者搭配尤其适合爱美的女性食用。

主料

百合 150 克
桂圆肉 20 克
猪瘦肉 200 克
红枣 2 颗

配料

食用油 10 毫升
味精 2 克
白糖 5 克
盐 5 克

做法

1. 百合剥成片，洗净；桂圆肉洗净。

2. 猪瘦肉洗净，切片；红枣泡发片刻洗净。

3. 锅中注入清水，加入食用油、百合、桂圆肉、红枣煮 10 分钟左右，放入猪瘦肉，小火煮至肉熟，加入盐、白糖、味精调味即可。

小贴士

经常失眠、情绪易波动者可多食。

百合莲子排骨汤

⏱ 70 分钟
🏠 清香
☺ ★ ★ ★

本品具有滋阴润燥、养心安神的作用。其中的百合含有多种生物碱,对人体有滋补作用,对秋燥引起的皮肤干燥、上火、长痘痘有较好的调理作用。

主料

百合 35 克
莲子 25 克
红枣 4 颗
猪排骨 100 克
胡萝卜 60 克

配料

盐 3 克
料酒适量

做法

1. 百合、莲子、红枣分别洗净;莲子泡水沥干水分,备用。

2. 猪排骨斩块,用热水汆烫后洗净;胡萝卜洗净,去皮后切小块,备用。

3. 将所有主料和水、料酒加入锅中,煮沸后转小火熬煮约 1 个小时,加盐调味即可。

小贴士

尽量小火多煮一段时间,更入味。

板栗鸡爪汤

120 分钟
咸香
★★

本品具有紧肤嫩肤、延缓肌肤衰老的作用。其中的板栗含有丰富的膳食纤维和维生素、矿物质，是抗衰老的佳品。

主料
鸡爪 50 克
猪瘦肉 200 克
板栗 50 克

配料
姜 15 克
盐 5 克

做法

1. 鸡爪用沸水稍氽，捞出，去皮、爪甲，洗净。

2. 猪瘦肉洗净，切块后与鸡爪一起放入清水锅内，大火煮 5 分钟，取出洗净；姜洗净切片。

3. 板栗去壳，然后与鸡爪、猪瘦肉一起放入锅内，加水适量，大火煮沸，放入姜片，煮沸后，改小火煲 1.5 个小时，加盐调味即可。

小贴士
宜选购肉皮色泽白亮且有光泽的鸡爪。

冰糖湘莲甜汤

本品具有养血安神、补益五脏的作用。其中的莲子是清心安神的佳品；红枣富含维生素 c，对预防贫血及红润肌肤有较好调理作用。

主料
湘白莲 200 克
枸杞子 25 克
红枣 5 颗

配料
冰糖 10 克

做法
1. 莲子浸泡 1 个小时后去心，放入碗内加适量温水，蒸至软烂；红枣、枸杞子分别洗净。
2. 炖锅置中火上，放入清水，加入莲子、枸杞子、红枣炖 30 分钟后，转小火；加入冰糖，炖至莲子浮起即可。

小贴士
若加入熟蛋黄，还能增强本品的养生功效。

冰镇木瓜甜汤

⏱ 30 分钟
🍲 香甜
😊 ★★

本品具有美容养颜、滋阴润燥、减肥瘦身的作用。其中的木瓜是保健、美容、丰胸之佳品；银耳可养阴润燥、嫩肤美容，尤其适合女性食用。

主料

木瓜 250 克
水发银耳 45 克
枸杞子 5 克

配料

冰糖 6 克

做法

1. 将木瓜洗净，去皮，去籽，切丁；水发银耳洗净撕成小朵备用；枸杞子洗净。

2. 净锅上火倒入水，下入木瓜、水发银耳、枸杞子烧开，调入冰糖煲至熟，凉透后入冷藏柜冷藏 25 分钟即可。

小贴士

煮得越浓稠，口感越好。

菠菜奶汤

⏰ 30 分钟
🅰 鲜香
☺ ★★

本品具有防皱、美白、滋润肌肤的作用。其中的牛奶、三花淡奶、奶油都是奶制品，营养成分较多，营养价值较高，对人体滋补效果显著。

主料
菠菜 150 克
洋葱碎 30 克
奶油 200 克
高汤 400 毫升

配料
鲜牛奶 200 毫升
三花淡奶 100 毫升
食用油适量

做法
1. 菠菜取叶，洗净，切碎。
2. 锅中放入油烧热，放入菠菜炒香，加入高汤煮烂，调入洋葱碎拌匀成浓汤状，打成泥状。
3. 将打好的汤汁放回锅中，加入淡奶、鲜牛奶、奶油，用小火煮开即可食用。

小贴士
也可加入少许酸奶，别具风味。

菠菜羊肉丸

⏱ 35 分钟
▲ 鲜咸
☺ ★★

本品具有补血养颜、补益气血的作用。其中的菠菜含有大量铁和膳食纤维素，有补血和清理肠毒的作用，尤其适合爱美的女性食用。

主料

羊肉丸子 200 克
菠菜 450 克

配料

盐 5 克
味精 2 克
料酒 5 毫升
葱 5 克
红椒 3 克

做法

1. 将羊肉丸子洗净；菠菜洗净，去根，切成段；葱、红椒均洗净，切丝。

2. 锅内放清水，放入羊肉丸子煮 30 分钟。

3. 放入盐、味精、料酒烧沸，然后放入菠菜煮 2 分钟，出锅撒上葱丝、红椒丝即可。

小贴士

菠菜要最后放入锅中，营养成分流失少，而且看起来更加鲜嫩。

菠萝甜汤

🕐 20 分钟
🔺 甘甜
☺ ★★

本品具有淡斑祛斑、养颜瘦身的作用。其中的菠萝具有清暑解渴、开胃、消食等作用，有美容、滋补双重功效。

主料

菠萝 200 克

配料

蜂蜜 10 毫升

做法

1. 菠萝去皮，洗净，切成薄片。

2. 将水放入锅中，开中火，将菠萝入锅煮，待水沸后转小火煮片刻，加入蜂蜜调味即可。

小贴士

过敏体质者，应将菠萝放入淡盐水浸泡 15 分钟，防止过敏反应。

桂圆甜汤

🕐 50 分钟
🔺 香甜
☺ ★★★

本品具有益气补血、滋阴润燥的作用。其中的桂圆为滋补佳品，含铁量比较高，对体虚乏力、营养不良性贫血等症有较好的调理作用，女性常食还可改善气色。

主料

薏米 75 克
水发银耳 25 克
莲子 30 克
桂圆肉 50 克
红枣 4 颗
枸杞子少许

配料

红糖 6 克

做法

1. 将薏米、莲子、桂圆肉、红枣洗净浸泡 20 分钟；水发银耳洗净撕成小朵备用。

2. 汤锅上火倒入水，下入枸杞子、薏米、水发银耳、莲子、桂圆、红枣煲至熟，调入红糖搅匀即可。

小贴士

薏米较硬，不易熟透，要提前浸泡数小时。

草菇丝瓜汤

⏱ 15 分钟
⚱ 清香
☺ ★★★

本品具有增强免疫力、补水嫩肤的作用。其中的丝瓜含有葫芦碱，有助于调节人体新陈代谢，排毒减肥，另外还含有多种 B 族维生素，有使肌肤白嫩的作用。

主料

草菇 50 克
丝瓜 50 克
猪里脊肉 50 克

配料

姜片 10 克
盐 3 克

做法

1. 草菇洗净，切去菇蒂，对半剖开。

2. 丝瓜去皮，洗净，切块；猪里脊肉洗净，切薄片备用。

3. 锅中加水和姜片，大火煮开，加入所有主料，改用小火继续煮至肉片熟透，加盐调味即可。

小贴士

月经不调者、易疲乏、皮肤干燥者适宜多吃本品。

红枣姜蛋汤

⏱ 60 分钟
🧂 酸甜
☺ ★★

本品有温中散寒、活血理气的作用，在冬季的晚上食用一碗，既可起到暖手暖脚的作用，还可起到营养滋补的作用。

主料

去核红枣 50 克
桂圆肉 50 克
鸡蛋 1 个

配料

红糖 5 克
姜 10 克

做法

1. 取碗，放入红枣、桂圆肉，用清水泡发 30 分钟，然后洗净；姜洗净切片。

2. 锅中水烧开，放入鸡蛋煮熟。

3. 将熟鸡蛋剥去壳后同余下食材一起入锅炖煮。

4. 10 分钟后，加入红糖调味即可。

小贴士

姜表皮中有较多营养成分，熬汤时可不去皮。

大黄绿豆汤

🕐 60 分钟
🗄 清爽
☺ ★★

本品具有清热通便、改善气色的作用。其中的大黄为凉血、祛淤、解毒之要药；山楂也是常见的活血化淤食材；搭配具有益气补虚作用的黄芪，可益气活血，改善人的气色。

主料

绿豆 150 克
生大黄 10 克
山楂 15 克
黄芪 15 克

配料

红糖 5 克

做法

1. 将药材分别洗净，沥水；绿豆泡发30分钟，洗净备用。
2. 山楂、生大黄、黄芪加水煮开，转入小火熬20分钟。
3. 加入泡好的绿豆，放入电饭锅内煮烂，加红糖即可。

小贴士

妊娠期、月经期、哺乳期的女性慎用本品。

当归煮芹菜

🕐 20 分钟
🧂 清香
😊 ★★★

本品具有补血养颜、排毒瘦身的作用。其中的当归具有补血活血、调经止痛的作用，是女性调补、滋养身体的要药。

主料
当归 10 克
芹菜 200 克

配料
姜 5 克
盐 5 克
味精 2 克
香油 15 毫升

做法

1. 当归浸软，切片；芹菜去叶，洗净，切成滚刀片；姜洗净切片。

2. 将当归、芹菜、姜片同放炖锅内，加入适量清水，置大火上烧沸。

3. 改用小火炖煮，加入盐、味精、香油拌匀即成。

小贴士
加水时尽量一次加够，这样汤汁味道更浓厚，但水不宜过多。

海蜇荸荠汤

50 分钟
鲜咸
★★

本品具有滋润抗皱、滋阴润燥的作用。其中的海蜇含蛋白质、B 族维生素、钙、磷、铁等营养成分，可清热滋阴，预防大便燥结，帮助排毒。

主料

海蜇 100 克
荸荠 200 克
猪瘦肉 100 克
党参 15 克

配料

姜 10 克
盐 3 克

做法

1. 海蜇洗去咸味和细沙；荸荠洗净，去皮对切；猪瘦肉洗净，切片，用盐稍腌；姜洗净切片；党参洗净切段。

2. 把海蜇、荸荠、党参放入锅内，加清水适量，煮沸，改小火煲30分钟，放入猪瘦肉片和姜片，煮至肉片熟，加盐调味即可。

小贴士

挑选海蜇时，有腥臭味的不能购买。

冬瓜汤

🕐 25 分钟
🏺 清香
😊 ★★

本品具有排毒养颜、利水消肿的作用。其中的玉米须能去除体内湿热，预防痤疮，还能利水、消肿，尤其适合夏季食用。

主料
冬瓜肉 150 克
冬瓜皮 100 克
冬瓜籽 50 克
玉米须 25 克

配料
姜片 20 克

做法

1. 冬瓜肉切块；冬瓜皮洗净；冬瓜籽剁碎（冬瓜籽含有利尿成分，不剁碎无法释出）。

2. 玉米须洗净后，装入小布袋。

3. 将所有材料放入锅中，加适量水，以大火煮沸后转小火再煮 20 分钟，便可滤取汤汁，冬瓜肉亦可一同食用。

小贴士
玉米须装袋可避免煲汤时到处飘，影响口感。

豆腐鲜汤

⏱ 20 分钟
🔥 鲜香
☺ ★★★

本品具有嫩白皮肤、滋润肌肤的作用。其中的草菇蛋白质含量十分丰富；豆腐含大量植物蛋白；西红柿维生素 C、番茄红素含量丰富。三者搭配，营养价值更高。

主料

豆腐 100 克
草菇 50 克
西红柿 50 克

配料

葱 5 克
姜 5 克
香油 8 毫升
盐 4 克
味精 3 克
胡椒粉 3 克
酱油 5 毫升

做法

1. 将豆腐、西红柿分别洗净，切片；葱洗净切成葱花；姜洗净切片；草菇洗净。

2. 锅中加水煮沸后，放入豆腐、草菇、姜片，调入盐、香油、胡椒粉、酱油、味精。

3. 再下西红柿煮约 2 分钟后，撒上葱花即可。

小贴士

豆腐用盐水先浸泡一会儿再烹饪，可防止碎烂。

豆皮鳕鱼丸汤

本品具有抗衰抗皱的作用。因含有豆制品、鱼类、蔬菜等多种食物种类，营养成分较为齐全，营养价值高，对人体滋补作用较强，适合女性常食。

主料

嫩豆皮 35 克
鳕鱼丸 115 克
芹菜 15 克
榨菜 15 克
紫苏 8 克
海苔丝 5 克
高汤 500 毫升

配料

盐 1 克
胡椒粉 4 克

做法

1. 嫩豆皮切小片；芹菜和榨菜洗净，切末；紫苏、海苔丝洗净，备用。

2. 高汤置入锅中加热，放入鳕鱼丸煮沸。

3. 再加入其他主料（除海苔丝）煮熟，放入盐、胡椒粉拌匀，撒上海苔丝即可。

小贴士

汤越浓越美味，烹制过程中不宜再加水。

豆芽骶骨汤

本品具有润泽肌肤、补益气血、改善气色的作用。其中的党参可补中益气，养血生津，对于气血不足、面色萎黄的女性有较好的调理作用，适合女性常食。

🕐 40 分钟
🍲 咸香
😊 ★★

主料

党参 15 克
黄豆芽 200 克
猪骶尾骨 1 副
西红柿 50 克

配料

盐 4 克

做法

1. 猪骶尾骨切段，汆烫后捞出，再冲洗。

2. 黄豆芽冲洗干净；西红柿洗净，切块。

3. 将猪尾骶骨、黄豆芽、西红柿和党参放入锅中，加适量水以大火煮开，转用小火炖 30 分钟，加盐调味即可。

小贴士

挑选黄豆芽时不要挑选有黄褐色圆点的。

海参炖鸡

⏱ 90 分钟
⚖ 鲜咸
☺ ★★

本品有滋润肌肤、抗皱抗衰、补益气血的作用。其中的鸡腿肉含蛋白质较多；海参含多糖类物质较多。二者搭配滋补效果佳，女性食用有助于改善气色、增强免疫力。

主料
海参 50 克
鸡腿 150 克

配料
姜 10 克
盐 4 克

做法

1. 鸡腿洗净，剁块，入开水中汆烫后捞出，备用；姜洗净切片。

2. 海参泡发好自腹部切开，洗净肠腔，切大块，汆烫，捞起。

3. 锅中加适量水煮开，加入鸡块、姜片煮沸，转小火炖约 20 分钟，加入海参续炖 5 分钟，加盐调味即成。

小贴士
宜选购大一些的海参，更容易泡发。

鹅肉土豆汤

⏱ 70 分钟
⚖ 鲜咸
☺ ★★

本品有气血双补的作用。其中红枣有红润肌肤、美白祛斑、延缓衰老的功效；枸杞子具有养肝、滋肾等作用。二者搭配有助于补益气血，增强免疫力。

主料
鹅肉 500 克
土豆 200 克
红枣 6 颗
枸杞子 50 克

配料
香油 3 毫升
盐 3 克
味精 3 克
料酒 3 毫升
姜片 3 克
葱 3 克

做法

1. 鹅肉洗净后剁成块状，汆水备用；土豆洗净，去皮，切块；葱洗净切段备用；枸杞子、红枣洗净备用。

2. 锅中加清水烧开，下入姜片、枸杞子、红枣和鹅肉块，调入盐、味精、料酒炖烂后，下入土豆炖约 30 分钟，撒上葱段，淋上香油即可。

小贴士
鹅肉宜小火慢炖，可炖久一些。

腐竹荸荠甜汤

⏱ 35 分钟
🏺 香甜
☺ ★

本品具有滋润肌肤、延缓衰老的作用。其中的腐竹含有丰富的蛋白质，有助于维持肌肤弹性；荸荠可清热生津，预防便秘，有助于排毒瘦身。

主料

红枣 6 颗
腐竹 50 克
荸荠 30 克

配料

冰糖 5 克

做法

1. 红枣洗净，泡软；腐竹泡软，再换水将腐竹漂白，捞起后沥干水分；荸荠洗净，削除外皮。

2. 荸荠、红枣和水放入锅中，用大火煮沸后，转小火熬煮 20 分钟，放入腐竹，再煮 5 分钟，最后放入冰糖煮至融化后即可。

小贴士

腐竹不宜泡太久，以免变得软烂，影响口感。

枸杞子牛肉汤

🕐 80 分钟
🔺 鲜香
☺ ★★

本品具有生津养颜、补血益气的作用。其中的山药补虚效果显著，有助于增强免疫力，延缓细胞衰老；牛肉补气效果堪比黄芪，对面色萎黄、体弱乏力者有较好的调理作用。

主料

山药 300 克
枸杞子 10 克
牛腱肉 400 克

配料

盐 4 克

做法

1. 牛腱肉切块，洗净，汆烫后捞出，再用水冲净一次；山药削皮，洗净切块；枸杞子泡发洗净备用。

2. 将牛腱肉放入锅中，加适量水以大火煮开，转小火慢炖 1 个小时。

3. 加入山药、枸杞子续煮 10 分钟，加盐调味即成。

小贴士

炖牛肉的时候水要一次加足，若要加水，宜加开水，这样烹制出来的牛肉口感更好。

西瓜鹌鹑汤

⏱120 分钟
🧂清香
☺★★★

本品具有滋润肌肤、补益气血、延缓衰老的作用。其中的鹌鹑有补中益气的作用，有"动物人参"之誉，对于贫血、营养不良所致的气色不佳有较好的调理作用。

主料

西瓜 500 克
绿豆 50 克
鹌鹑 1 只
红枣 2 颗

配料

姜 10 克
盐 5 克

做法

1. 鹌鹑去毛、内脏，对半切开，洗净；姜去皮，切片。

2. 西瓜连皮洗净，切成块状；绿豆、红枣分别洗净，浸泡 1 个小时。

3. 将适量清水倒入瓦煲内，煮沸后加入以上材料，大火煲沸后，改用小火煲 1 个小时，加盐调味即可。

小贴士

烹制本品的西瓜不宜挑选有沙瓤的，瓜汁太少。

桂圆山药红枣汤

⏱ 20 分钟
🍲 清香
😊 ★★★

本品具有补血养颜、滋阴生津的作用。其中的桂圆有补血安神的作用，能使人脸色红润，与同样可益气补血的红枣搭配，不但可美容，还有延年益寿之效。

主料
桂圆肉 100 克
山药 150 克
红枣 6 颗

配料
冰糖 5 克

做法

1. 山药削皮，洗净，切小块；红枣洗净；锅内加适量水煮开，加入山药块煮沸，再下红枣。

2. 待山药熟透、红枣松软，将桂圆肉加入；待桂圆的香甜味渗入汤中即可熄火，加冰糖提味。

小贴士

本品的补血作用较佳，体虚、乏力、气血不足、面色萎黄者可多吃。

海参鸡汤

90 分钟
咸香
★★★

本品具有补血润燥、调经止痛的作用。其中的海参含有较多活性蛋白质，不但可以增强人体免疫力，还能延缓衰老、阴阳双补，提高新陈代谢功能。

主料

当归 10 克
黄芪 15 克
干黄花菜 10 克
海参 200 克
鸡腿 100 克
红枣 4 颗

配料

盐 3 克

做法

1. 当归、黄芪洗净；黄芪用袋包起，和水一起煮沸，放入当归，转小火熬 20 分钟，留下汤汁备用。

2. 干黄花菜泡发 30 分钟后洗净；海参洗净切块后与鸡腿一起氽水；红枣洗净备用。

3. 将黄花菜、海参、鸡腿、红枣放入电锅内锅中，外锅加水，入药材汤汁、盐，煮 15 分钟，再焖 5 分钟。

小贴士

做汤品时不宜太早放盐，避免食材鲜味受损。

沙参百合菊花汤

本品具有养阴润燥的作用。其中的沙参、百合均是滋阴清热的良药，对阴虚引起的皮肤干燥、头发干枯、便秘、口腔溃疡等有较好的调理作用。

主料
枸杞子 5 克
沙参 10 克
新鲜百合 30 克
菊花 5 克

配料
冰糖 5 克

做法

1. 百合剥瓣，洗净；沙参、枸杞子、菊花分别洗净。

2. 沙参、枸杞子、菊花盛入锅中，加适量的水，煮至汤汁变稠，加入剥瓣的百合续煮 5 分钟，待汤味醇香时，加冰糖煮至融化即可。

小贴士
新鲜百合除去外衣后放沸水中焯一下，苦涩味就去除了。

🕐 15 分钟
🔺 清香
☺ ★

红豆牛奶汤

⏱ 70 分钟
🧂 香甜
😊 ★★★

本品具有补血美白、延缓肌肤衰老的作用。其中的红豆可补血养血；低脂鲜奶可美白养颜。二者搭配对肌肤滋补效果显著，尤其适合爱美的女性常食。

主料
红豆 15 克
低脂鲜奶 190 毫升

配料
果糖 5 克

做法

1. 红豆洗净，提前泡软。

2. 红豆放入锅中，开中火煮约 30 分钟，转小火后再焖煮约 30 分钟。

3. 将红豆、果糖、低脂鲜奶放入碗中，搅拌均匀即可食用。亦可打成汁或糊状食用。

小贴士
鲜奶最后再加入，营养成分流失少。

夏枯草脊骨汤

🕐 180 分钟
🍲 鲜香
☺ ★★

本品有清热解毒、益气宽中的作用。其中的夏枯草是清泄肝火、清热解毒的常见药材，与红枣等具有补血作用的食材搭配，对改善肤色萎黄、面生痤疮有好处。

主料
红枣 10 克
夏枯草 20 克
猪脊骨 300 克
猪瘦肉 100 克

配料
姜 5 克
盐 4 克

做法

1. 夏枯草洗净，浸泡 30 分钟。

2. 猪脊骨斩块，洗净，氽水；猪瘦肉洗净，切片；红枣洗净；姜切片。

3. 将适量清水放入瓦锅内，煮沸后加入以上所有主料，大火煲沸后，改用小火煲 2 个小时，加盐调味即可。

小贴士
贫血、缺钙的女性尤其适合食用本品。

红豆乳鸽汤

⏱ 140 分钟
🗄 咸香
😊 ★★★

本品具有补血养颜的作用。其中的乳鸽肉含微量元素非常丰富，对贫血、营养不良、面色萎黄等人有大补作用。

主料

红豆 50 克
花生仁 50 克
桂圆肉 30 克
乳鸽 1 只

配料

盐 4 克

做法

1. 红豆、花生仁、桂圆肉洗净，浸泡。

2. 乳鸽宰杀后去毛、内脏，洗净，斩大块，入沸水中氽烫，去除血水。

3. 将适量清水放入瓦锅内，煮沸后加入以上全部主料，大火煲沸后，改用小火煲 1 个小时，加盐调味即可。

小贴士

乳鸽在水中氽烫不仅可去除血水，也可去除腥味。

红薯鸡肉汤

⏱ 60 分钟
🧂 清香
😊 ★★

本品具有抗衰抗皱、润肠通便的作用。其中的红薯含有大量膳食纤维和果胶，有通便排毒的作用，此外还含有丰富的抗性淀粉，能增加饱腹感，有助于减肥。

主料

红薯 250 克
洋葱 50 克
鸡腿 100 克
高汤 100 毫升

配料

胡椒粉 3 克
盐 4 克
食用油适量

做法

1. 红薯去皮洗净，切块；洋葱洗净切薄片；鸡腿洗净切小块，加少许胡椒粉、盐腌制。

2. 起油锅，炒香洋葱，再下鸡腿炒熟。

3. 接着加入红薯小炒几下，加入高汤、适量水，煮开后，转中火，续煮至水分减半，下入剩余盐及胡椒粉调味即可。

小贴士

鸡腿腌制时可添加少量料酒去腥。

胡萝卜珍珠贝

⏱ 20 分钟
🧂 咸香
☺ ★★★

本品具有排毒抗皱、延缓肌肤衰老的作用。其中的胡萝卜富含抗氧化成分胡萝卜素，有助于清除自由基，延缓衰老；珍珠贝蛋白质含量丰富，对维持肌肤弹性有益。

主料

胡萝卜 20 克
珍珠贝 100 克
上海青 50 克
香菇 50 克
红椒 20 克

配料

盐 3 克
葱 10 克
食用油适量

做法

1. 胡萝卜洗净，切成丝；珍珠贝洗净；上海青洗净，去叶留梗；香菇洗净，切片；葱洗净，切末；红椒洗净，切菱形片。

2. 锅中加油烧热，放入红椒爆香，再放入珍珠贝略炒后，注水煮至沸，加入胡萝卜、上海青、香菇、葱焖煮。

3. 再加入盐调味即可。

小贴士

焖煮时用小火，香味更加浓郁。

胡萝卜煮鸡腰

🕐 35 分钟
🍲 鲜香
☺ ★★

本品具有抗衰抗皱、改善气色的作用。其中的胡萝卜可延缓衰老；山药和枸杞子为常见滋补佳品；党参、黄芪有补中益气的作用。

主料

胡萝卜 100 克
荸荠 100 克
鸡腰 150 克
山药 15 克
枸杞子 3 克
党参 3 克
黄芪 3 克

配料

姜片 5 克
盐 4 克
料酒 10 毫升

做法

1. 先将所有主料洗净；胡萝卜去皮切菱形片，荸荠去皮，党参、黄芪装入药袋。

2. 胡萝卜、荸荠下锅焯水；鸡腰加少许盐、料酒腌制去腥后，下锅汆水。

3. 所有主料放入砂锅中，加水煮至熟透，去除药袋，加剩余盐、姜片调味即可。

小贴士

姜片到食材熟透后再加有助于提味。

葫芦鸡肉汤

🕐 8 分钟
🥘 鲜香
☺ ★★★

本品具有滋润肌肤的作用。其中的西葫芦含有丰富的维生素 C，有助于增强人体免疫力，并减少色素沉着，预防色斑。

主料

西葫芦 300 克
鸡脯肉 200 克
清汤 100 毫升

配料

姜片 5 克
盐 3 克
食用油适量

做法

1. 把西葫芦洗净，切丝；鸡脯肉洗净切成丝。

2. 锅中加水烧开，下入西葫芦丝稍焯后捞出沥水。

3. 锅置火上，加油烧热，下入姜片、鸡丝、西葫芦丝稍炒后，加清汤煮开，调入盐即可。

小贴士

脾胃虚寒者应少吃本品。

花生煲猪蹄

本品具有细致肌肤、增强皮肤弹性的作用。其中的猪蹄含有丰富的胶原蛋白，对于预防肌肤衰老、干瘪起皱有重要作用，有"美容食品"之称。

主料

猪蹄 300 克
胡萝卜 50 克
花生仁 50 克

配料

姜丝 10 克
盐 3 克
鸡精 2 克
胡椒粉 3 克
食用油适量

做法

1. 猪蹄刮净毛，洗净，剁块；胡萝卜洗净，切块，花生仁泡水备用。

2. 锅置火上，放入油，爆香姜丝，注适量清水，放入猪蹄，大火煮开，撇去浮沫。

3. 转入砂钵里烧开后，加入花生仁、胡萝卜，转用小火慢煲约 90 分钟至猪蹄熟烂，调入盐、鸡精、胡椒粉，拌匀即可食用。

小贴士

猪蹄汆水时应撇净血水，否则汤汁颜色不佳。

山药五宝甜汤

⏱ 60 分钟
🍲 香甜
😊 ★★★

本品有滋润抗皱、美白养颜、养心安神的作用。其中的山药、莲子、银耳为常见滋补佳品；百合可滋阴抗皱；桂圆、红枣可益气养血。几种食材搭配，对女性滋补效果显著，可常食。

主料
山药 200 克
莲子 150 克
百合 10 克
银耳 15 克
桂圆肉 15 克
红枣 8 颗

配料
冰糖 80 克

做法

1. 山药削皮，洗净，切块；银耳泡发，去蒂，切小朵；莲子淘净；百合用清水洗净；桂圆肉、红枣洗净。

2. 将所有主料放入锅中，加清水适量，中火煲 45 分钟。放入冰糖，以小火煮至冰糖融化即可。

小贴士

桂圆宜选择干品；莲子可提前泡发 2 个小时。

黄芪山药鱼汤

⏰ 35 分钟
🧂 鲜香
😊 ★★★

本品具有延缓肌肤衰老的作用。其中的石斑鱼含有丰富的虾青素，虾青素是超强的抗氧化成分，能延缓器官和组织衰老，其鱼皮上还含有胶原蛋白，因此有"美容护肤之鱼"的称号。

主料

石斑鱼 1 条
黄芪 15 克
干山药 15 克

配料

姜片 10 克
葱 10 克
盐 4 克
料酒 10 毫升

做法

1. 石斑鱼收拾干净，鱼背改刀；葱洗净，切丝。

2. 黄芪、干山药洗净放入锅，加适量水以大火煮开，转小火熬成高汤，熬约 15 分钟后，转中火，放入姜片和石斑鱼，煮约 10 分钟。

3. 待鱼熟，加盐、料酒调味，撒上葱丝。

小贴士

选购石斑鱼时宜选择鱼身肥厚、有弹性者。

火腿洋葱汤

⏰ 10分钟
🍶 清香
😊 ★★

本品具有促进新陈代谢的作用。其中的洋葱富含维生素 C 和 B 族维生素，有助于修复损伤的细胞，使皮肤光洁、有弹性。

主料

洋葱 50 克
火腿 15 克
青豆仁 15 克
鸡蛋 1 个

配料

盐 3 克
胡椒粉 3 克
味精 3 克
香油 3 毫升
食用油适量

做法

1. 洋葱洗净，切条；火腿切条；青豆仁洗净备用。

2. 锅内放油烧热，放入洋葱、青豆仁略炒，加水煮沸。

3. 鸡蛋煮熟后去壳，然后与火腿、胡椒粉、味精一起倒入锅中，加盐调味，淋入香油即可。

小贴士

鸡蛋煮熟后，立刻放冷水中浸泡 5 分钟，更容易去壳。

苦瓜菠萝鸡汤

- 65 分钟
- 鲜香
- ★★★

本品具有清热排毒、养颜瘦身的作用。其中的菠萝可清暑解渴、开胃消食，与具有清热泻火作用的苦瓜搭配，尤其适合夏季食用。

主料
菠萝 60 克
苦瓜 100 克
鸡肉 300 克

配料
姜 30 克
料酒 5 毫升
盐 3 克

做法

1. 菠萝去皮切片；苦瓜洗净，对半剖开，去籽，切片；姜去皮，洗净，切片备用。
2. 鸡肉洗净，切块，放入开水中汆去血水备用。
3. 锅中倒入适量水煮开，放入以上全部材料，煮至鸡肉熟烂，加入料酒、盐拌匀即可。

小贴士

苦瓜切好后加少量盐腌几分钟，可减轻其苦味。

苦瓜蛤蜊汤

⏱ 40 分钟
清淡
☺ ★★★

本品具有清热解毒、去除痤疮的作用。其中的苦瓜为清热泻火的常见食物；蛤蜊能滋阴、利水、化痰、软坚。二者搭配，对痤疮有一定的预防和调理作用。

主料

苦瓜 300 克

蛤蜊 250 克

配料

姜 10 克

蒜 10 克

盐 4 克

做法

1. 苦瓜洗净，剖开去籽，切成长条；姜、蒜洗净切片。

2. 锅中加水烧开，下入蛤蜊煮至开壳后，捞出，冲凉水洗净。

3. 再将蛤蜊、苦瓜、姜片、蒜片加适量清水，以大火煮30 分钟至熟后，加入盐即可。

小贴士

蛤蜊本身极富鲜味，因此烹饪时不宜再放味精、鸡精，以免其鲜味受损。

栗桂炖猪蹄

⏱ 70 分钟
⚖ 咸香
☺ ★★★

本品具有滋润肌肤、增强皮肤弹性的作用。其中新鲜板栗含维生素 C 丰富，有助于预防色斑；猪蹄富含胶原蛋白，有助于增强肌肤的弹性和韧性。

主料

新鲜板栗 200 克

桂圆肉 30 克

猪蹄 2 只

配料

盐 3 克

做法

1. 新鲜板栗入沸水煮 5 分钟，捞起去壳剥膜，洗净，沥干；猪蹄斩块，入沸水汆烫捞起，再冲净。

2. 将板栗、猪蹄盛入炖锅，加水至淹过材料，以大火煮开，转小火炖约 1 个小时。

3. 加入桂圆肉续煮 5 分钟，加盐调味即可。

小贴士

猪蹄是美容佳品，爱美的女性可以常食。

莲藕排骨汤

⏱ 45 分钟
🅰 清香
☺ ★★

本品具有排毒养颜、美容祛痘的作用。其中莲藕含有丰富的维生素 C、铁，常食可使肌肤白皙；生莲藕还具有清热的作用，对痤疮有预防作用。

主料
莲藕 100 克
猪排骨 110 克
枸杞子 5 克

配料
盐 3 克
味精 2 克
葱 5 克

做法

1. 将莲藕去皮，洗净，切成大块；猪排骨洗净，砍成段；葱洗净切碎。

2. 锅中加水烧沸，下入猪排骨汆去血水后，捞出沥干。

3. 莲藕与猪排骨、枸杞子一起放入瓦罐中，加适量清水，大火炖 35 分钟，加盐、味精调味，撒上葱花即可。

小贴士
不宜选用铁锅、铝锅炖制本品。

莲子百合麦冬汤

本品具有滋阴润燥、补水保湿的作用。其中的百合、麦冬均为滋阴佳品，对于女性阴虚内热所致的皮肤干燥、头发干枯、大便燥结有较好的调理作用。

主料
莲子 200 克
百合 20 克
麦冬 15 克

配料
冰糖 80 克

做法

1. 莲子泡发好与麦冬一起洗净，沥干，盛入锅中，加适量清水以大火煮开，转小火续煮 20 分钟。

2. 百合洗净，用清水泡软，加入汤中，续煮 4 ~ 5 分钟后熄火。

3. 加入冰糖调味即可。

小贴士

加入冰糖后闷 2 ~ 3 分钟，可保证汤品的味浓甜美。

莲子百合汤

⏱ 200 分钟
🍶 鲜香
☺ ★★

本品具有滋阴润肤、通便排毒、养心安神的作用。其中的黑豆含有丰富的维生素 E，抗氧化作用显著，对于减少皮肤皱纹、美容养颜有不错的效果。

主料

莲子 50 克
百合 10 克
黑豆 300 克

配料

鲜椰汁 50 毫升
冰糖 30 克
陈皮 1 克

做法

1. 莲子用沸水浸泡 30 分钟，再煲煮 15 分钟，倒出冲洗；百合、陈皮泡浸，洗净；黑豆洗净，用沸水泡浸 1 个小时以上。

2. 锅中加水烧沸，下黑豆，用大火煲 30 分钟，下莲子、百合、陈皮，转中火煲 45 分钟，改小火煲 1 个小时，下冰糖，融化后，入鲜椰汁即成。

小贴士

黑豆和莲子都要提前浸泡以节省烹饪时间。

莲子老鸭汤

80 分钟
鲜咸
★ ★ ★

本品具有滋润肌肤、抗衰老的作用。其中的茶树菇蛋白质含量高，矿物质种类较多，有美容、防衰等作用；鸭肉有滋阴、养胃、利水之效，与莲子、枸杞子搭配可滋阴安神。

主料

老鸭 1 只
莲子 30 克
茶树菇 50 克
枸杞子 5 克

配料

盐 3 克
味精 2 克

做法

1. 老鸭收拾干净，砍成大块；莲子泡发 30 分钟，去除莲心；茶树菇泡发，剪去老根；枸杞子洗净。

2. 将老鸭汆去血水，捞出备用。

3. 砂锅中加适量水，下入老鸭、莲子、茶树菇、枸杞子煲 45 分钟，至熟烂时，放盐、味精调味即可。

小贴士

宜选购粗细、大小一致的茶树菇，粗细、大小不一致的说明掺有放久了的茶树菇。

莲子银耳桂蜜汤

⏱ 60 分钟
🧂 香甜
☺ ★★

本品具有滋润肌肤的作用。其中的银耳可补气、嫩肤、祛斑、滋阴，有"菌中之冠"的美称，与莲子搭配后补益效果更佳。

主料

银耳 10 克
莲子 30 克
桂花蜜 15 克

配料

冰糖 5 克

做法

1. 银耳泡开，去杂质，撕成小朵；莲子洗净，去除莲心，用水泡发 30 分钟。

2. 锅置火上，加入莲子，大火煮沸，转入小火，快熟时加入银耳及冰糖，煮至熟；放凉后移入冰箱，吃之前加桂花蜜拌匀。

小贴士

银耳泡发后，要去掉其未发开的部分，尤其是淡黄色的部位。

灵芝兔肉汤

⏱ 100 分钟
🍲 鲜香
☺ ★★★

本品具有维持肌肤弹性、延缓肌肤衰老的作用。其中的兔肉含烟酸多，有助于保护皮肤细胞活性；灵芝有益气抗皱、消除色斑、抑制色素沉着的作用。

主料
红枣 15 颗
灵芝 5 克
兔肉 300 克

配料
盐 3 克

做法

1. 将红枣浸软，去核，洗净；灵芝洗净，用清水浸泡 2 个小时，取出切小块。

2. 将兔肉洗净，氽水，切小块。

3. 将全部主料放入砂锅内，加适量清水，大火煮沸后，改小火煲 1 个小时，加盐调味即可。

小贴士

也可将灵芝单独煎水，煎煮 3 ~ 4 次后，将所有煎液混合，倒入砂锅内。

绿茶山药汤

本品具有淡斑祛斑的作用。其中的绿茶粉含有维生素 C、茶多酚，具有良好的抗氧化作用，对于消除自由基、保持肌肤年轻十分有益。另外还含有可收缩肌肤毛孔的单宁酸。

主料

绿茶粉 30 克
山药 100 克
板豆腐 60 克
红薯粉 60 克

配料

盐 3 克
香菜 10 克
食用油适量

做法

1. 板豆腐碾成泥挤干水分，加入绿茶粉；山药削皮洗净磨成泥，加入板豆腐中，按同一方向拌匀。

2. 取一小撮揉成圆球，表面沾红薯粉，用热油炸至呈金黄色，捞起。

3. 锅里加适量水煮开，将豆腐丸子加入，以中火煮开后转小火续煮 5 分钟，加盐调味。香菜洗净切段，撒入汤中即成。

小贴士

色泽越绿、质感越细腻、气味越清香的绿茶粉越好。

木瓜排骨汤

🕐 135 分钟
🧂 鲜咸
😊 ★★

本品具有滋润肌肤的作用。其中的木瓜，富含维生素 A、维生素 C，有助于保护皮肤，使皮肤更光洁、柔嫩。

主料

木瓜 150 克
猪排骨 150 克

配料

姜 5 克
盐 3 克
味精 3 克

做法

1. 将木瓜削皮去籽，洗净，切块；猪排骨洗净，斩块；姜去皮洗净切片。

2. 木瓜、猪排骨、姜同放入锅里，加适量清水，用大火煮沸后，改用小火煲 2 个小时。

3. 待熟后，调入盐、味精即可。

小贴士

肋骨肉多，棒骨味香，炖汤时可选择两种排骨混合炖煮。

红毛丹银耳汤

🕐 13 分钟
🅰 鲜甜
☺ ★★

本品具有润发美肤、改善气色的作用。其中的银耳可滋阴润燥；红毛丹可清热解毒、补血理气、红润肌肤。

主料
西瓜 50 克
红毛丹 50 克
银耳 200 克

配料
冰糖 5 克

做法

1. 银耳泡水、去蒂头，切小块，入沸水焯熟，沥干；西瓜去皮，切小块；红毛丹去皮、去籽。

2. 冰糖加适量水熬成汤汁，待凉。

3. 西瓜、红毛丹、银耳、冰糖水放入碗内，拌匀即可。

小贴士

宜选购软刺细长新鲜、外表无黑斑、果粒大且匀称的红毛丹。

蜜橘银耳汤

本品具有滋阴润燥、美白肌肤的作用。其中的橘子含维生素 C 丰富，有助于预防色素沉着，美白肌肤；银耳滋阴效果显著，有助于嫩肤美容。

主料
银耳 20 克
蜜橘 200 克

配料
白糖 150 克
水淀粉 10 毫升

做法

1. 银耳水发后放入碗内，上笼蒸 1 个小时后取出；蜜橘剥皮。

2. 将汤锅置大火上，加适量清水，将银耳放入汤锅内，再放蜜橘肉、白糖煮沸；用水淀粉勾芡，盛入汤碗内即成。

小贴士
橘络不宜丢掉，有止咳化痰、理气通络的功效。

木瓜炖猪肚

本品具有排毒养颜的作用。其中的木瓜含有维生素 C 及膳食纤维，有助于使皮肤白皙、细腻，改善萎黄的气色；猪肚可补虚损、健脾胃。

主料

木瓜 200 克
猪肚 1 个

配料

姜 10 克
盐 3 克
胡椒粉 3 克
淀粉 5 克
食用油适量

做法

1. 木瓜去皮、籽，洗净，切条块；猪肚用少许盐、淀粉稍腌，洗净切条状；姜去皮，洗净，切片。

2. 油锅上火，爆香姜片，加适量水烧开，放入猪肚、木瓜，汆烫片刻，捞出沥干水。

3. 猪肚转入锅中，倒入清汤、姜片，大火炖约 30 分钟，再下木瓜炖 20 分钟，入剩余盐、胡椒粉调味即可。

小贴士

清洗猪肚时要注意把猪肚翻过来清洗，清洗干净后，再用盐去抓匀一下，有助于除去异味和清除内侧的黏膜。

柠檬鲈鱼汤

⏱ 45 分钟
🔺 酸咸
😊 ★★★

本品具有滋润肌肤、预防色斑的作用。其中柠檬含维生素 C 较为丰富，还含有可防止和消除色素沉着的柠檬酸，尤其适合爱美的女性食用。

主料

新鲜鲈鱼 1 条
红枣 8 颗
柠檬 50 克

配料

姜片 5 克
葱 10 克
盐 3 克
香菜 3 克

做法

1. 鲈鱼收拾干净，切块；红枣浸水泡软，去核；柠檬切片；葱洗净，切段；香菜洗净，切末。

2. 汤锅内倒入适量水，加入红枣、姜片、柠檬片，以大火煲至水开，放入葱段及鲈鱼，改中火继续煲 30 分钟至鲈鱼熟透，加盐调味，放入香菜末即可。

小贴士

肝肾不足的人尤其适合食用本品。

牛奶银耳水果汤

本品具有嫩白肌肤、淡化色斑的作用。其中的猕猴桃、圣女果含维生素 C 较为丰富，有美白肌肤的作用；银耳可滋阴润燥，嫩肤美容，尤其适合女性常食。

主料

银耳 100 克
猕猴桃 80 克
圣女果 5 颗
牛奶 300 毫升

配料

白糖 10 克

做法

1. 银耳用清水泡软，去蒂，切成细丁，加入牛奶中，以中小火边煮边搅拌，煮至熟软，熄火待凉装碗。

2. 圣女果洗净，对切成两半；猕猴桃削皮，切丁，一起加入碗中，加入白糖拌匀即可。

小贴士

挑选猕猴桃时要稍软一点的，太硬味道太酸。

🕐 12 分钟
🔺 酸甜
☺ ★★★

牛腩西红柿锅

本品具有嫩肤抗衰的作用。其中的西红柿含维生素 C 和番茄红素较多，可美白、嫩肤、瘦身；牛腩富含优质蛋白质，对肌肤有滋润作用。

主料

牛腩 300 克
西红柿 200 克

配料

盐 3 克
味精 2 克
白醋 8 毫升
酱油 10 毫升
香菜 5 克
食用油适量

做法

1. 牛腩、西红柿均洗净，切块；香菜洗净，切段。

2. 锅内注油烧热，下牛腩翻炒至变色时，调入盐，烹入白醋、酱油。

3. 注适量水，加入西红柿煮至熟时，加入味精调味，撒上香菜段即可。

小贴士

牛腩要选肥瘦适中的，烹制出来口感比较滑嫩。

牛肉冬瓜汤

⏱ 65 分钟
🧂 咸香
☺ ★★

本品具有利水减肥、补益气血的作用。其中冬瓜中水分、钾等矿物质含量丰富，有利水、消肿的作用；牛肉蛋白质含量高，铁元素丰富，对肌肤有滋润作用。

主料
牛肉 300 克
冬瓜 200 克

配料
葱白 5 克
豉汁 10 毫升
盐 3 克
白醋 3 毫升
香油 3 毫升

做法

1. 牛肉切成薄片；冬瓜去皮、瓤，切成小块；葱白切段。

2. 将豉汁倒入清水中烧沸，加入牛肉片和冬瓜块，煮沸后改用小火久炖。

3. 至肉熟烂时，撒入葱白段，加适量香油、盐、白醋等调味即成。

小贴士
宜选购表皮有白霜、瓜皮呈深绿色的冬瓜。

菱角排骨汤

⏱ 50 分钟
🫗 鲜香
☺ ★★★

本品具有补血养颜、美白肌肤的作用。其中的莲藕含维生素C、铁较多，常吃可美白肌肤，预防缺铁性贫血，使肌肤红润；胡萝卜含有抗氧化成分胡萝卜素，可预防肌肤衰老。

主料

莲藕 200 克
菱角 200 克
胡萝卜 80 克
猪排骨 180 克

配料

盐 4 克
白醋 10 毫升

做法

1. 猪排骨斩块，入沸水中氽烫，捞出再洗净；莲藕削去皮，洗净，切片；胡萝卜洗净，切块。

2. 菱角入开水中焯烫，捞起，剥净外表皮膜。

3. 将猪排骨、莲藕、胡萝卜、菱角放入锅内，加水盖过材料，加入白醋，以大火煮开，转小火炖 40 分钟，加盐调味即可。

小贴士

猪排骨氽烫的时间不宜过长，以免营养成分流失。

苹果瘦肉汤

⏰ 80 分钟
🔥 鲜香
😊 ★★

本品具有美白皮肤、排毒养颜、滋润肌肤的作用。其中的苹果含丰富的膳食纤维、果胶、维生素 C，有美容减肥之效；瘦肉含铁较多，有补血养颜之效。

主料

蜜枣 2 颗
苹果 1 个
猪瘦肉 300 克
海底椰 100 克

配料

盐 3 克

做法

1. 将蜜枣、海底椰洗净；苹果洗净，去核，切块。

2. 将猪瘦肉洗净，切块，入沸水中氽烫。

3. 将以上全部主料放入砂锅中，加入适量清水，大火煮沸 10 分钟后，改小火煲 1 个小时，加盐调味即可。

小贴士

苹果皮中含有抗氧化成分及生物活性物质，不宜丢掉。

芹菜鱼片汤

🕐 35 分钟
🔺 清香
☺ ★★

本品具有美白护肤、清热解毒的作用。其中草鱼含蛋白质、矿物质丰富，有抗衰老和养颜的作用；芹菜含膳食纤维较多，有排毒瘦身之效。

主料

草鱼肉 200 克
枸杞叶 50 克
芹菜 120 克

配料

姜 5 克
淀粉 5 克
盐 4 克
食用油 5 毫升

做法

1. 将枸杞叶洗净，择嫩叶备用；芹菜去根、叶，洗净，切段；姜洗净，切片。

2. 草鱼肉洗净，切片，用少许盐、姜片、淀粉、少许食用油拌匀，腌 10 分钟。

3. 先将枸杞叶加适量清水，用小火煮沸约 20 分钟，再下芹菜、剩余食用油入汤中，用小火煮沸，下鱼肉煮至刚熟，调入剩余盐即成。

小贴士

腌制草鱼时可适当加入料酒，去腥提味。

萝卜炖牛肉

🕐 70 分钟
🧂 鲜咸
🙂 ★

本品具有补血养颜、红润肌肤的作用。其中的牛肉含铁量丰富，有预防贫血、红润肌肤的作用；胡萝卜中的胡萝卜素能清除自由基，延缓肌肤衰老。

主料

牛肉 400 克
白萝卜 200 克
胡萝卜 100 克
清汤 100 毫升

配料

葱 10 克
姜 10 克
盐 4 克
胡椒粉 2 克
料酒 3 毫升
鸡精 3 克
香菜 10 克
食用油适量

做法

1. 将牛肉洗净，剁成块；白萝卜、胡萝卜洗净切成菱形块；葱、香菜分别洗净切段；姜洗净切片备用。

2. 牛肉块汆烫除血水，捞起沥干水分。

3. 锅入油烧热后爆香姜片，注入清汤，下入牛肉块炖煮 30 分钟；调入盐、胡椒粉、料酒、鸡精，加入白萝卜、胡萝卜炖至熟，撒上葱段和香菜段即可。

小贴士

烧煮牛肉的过程中，盐要迟放，水要一次加足，如果发现水分不够，应加开水。

枸杞子炖猪蹄

⏱ 50 分钟
🅰 咸香
☺ ★★

本品具有增强肌肤弹性的作用。其中的猪蹄含有丰富的胶原蛋白，对滋养肌肤大有益处；胡萝卜含抗氧化成分——胡萝卜素，有预防肌肤衰老的作用；枸杞子可补益肝肾，有助于改善气色。

主料
枸杞子 10 克
薏米 50 克
猪蹄 200 克
胡萝卜 100 克

配料
姜片 5 克
盐 3 克

做法

1. 将枸杞子、薏米分别洗净，泡软，再一起放入锅中备用。

2. 猪蹄洗净后剁成块，汆烫后放入锅中。

3. 胡萝卜洗净切块，入锅。锅中加姜片、清水煮沸，转小火煮至猪蹄熟透，加盐调味即可。

小贴士

略加一点白醋，有助于使骨中的磷和钙析出，增加猪蹄的营养价值。

人参猪腰汤

🕐 20 分钟
🔺 鲜咸
☺ ★★

本品具有增强皮肤弹性、保持皮肤光滑的作用。其中的人参是大补元气、扶正固本的极品药材，对皮肤有较强的滋养作用，是护肤的佳品。

主料

人参 15 克
猪腰 1 副
上海青 50 克

配料

盐 4 克

做法

1. 猪腰收拾干净，自外面切成斜纹花，再切成片；上海青洗净，切段。

2. 将猪腰洗去血水，放入沸水中汆烫，捞出。锅中加适量水，放入人参以大火煮开，转小火煮 10 分钟熬汤。

3. 再转中火，待汤烧开，放入腰花片、上海青，水开后加盐调味即可。

小贴士

人参不可过量食用，秋冬季节食用比较好。

洋葱炖乳鸽

⏱ 30 分钟
🔺 清香
☺ ★★

本品具有滋润肌肤、预防肌肤衰老的作用。其中的乳鸽肉含矿物质丰富，其骨中还有丰富的软骨素，炖汤饮用可使皮肤变得柔软、细腻；洋葱含抗氧化成分较多，有预防肌肤衰老的作用。

主料

乳鸽 1 只
洋葱 250 克
高汤 100 毫升

配料

姜 5 克
盐 3 克
白糖 5 克
胡椒粉 3 克
味精 3 克
酱油 10 毫升
食用油适量

做法

1. 将乳鸽洗净砍成小块；洋葱洗净切成角状；姜去皮洗净，切片。

2. 锅中加油烧热，下入洋葱片、姜片爆炒至出味。

3. 再下入乳鸽，加入高汤，用小火炖 20 分钟，放白糖、盐、胡椒粉、味精、酱油等调料煮至入味后出锅即可。

小贴士

也可放几颗枸杞子炖煮，营养价值更高。

三菇百合汤

🕐 15分钟
🅰 鲜香
☺ ★★★

本品具有细致肌肤、滋阴润肤的作用。其中的金针菇、茶树菇、蘑菇均为营养价值较高的食用菌，有强身、祛病、益寿等功效，是天然的滋补品。

主料
金针菇 200 克
茶树菇 150 克
蘑菇 150 克
百合 10 克
枸杞子 5 克

配料
盐 5 克
胡椒粉 5 克
鸡精 3 克
香油 10 毫升

做法
1. 百合洗净，掰开；茶树菇、蘑菇、金针菇洗净。
2. 将水烧开，下茶树菇、百合、蘑菇煮熟。
3. 再放入金针菇和枸杞子煮熟，放入盐、鸡精和胡椒粉，淋入香油，起锅装入碗中即可。

小贴士
茶树菇要提前用温水浸泡，去蒂。

三色圆红豆汤

本品具有补血养颜的作用。其中的山药为药食两用的滋补佳品，常食有助于增强免疫力；红豆有补铁补血的作用，常食能红润肌肤，改善气色。

主料

山药粉 50 克
红薯 100 克
芋头 100 克
糯米粉 200 克
红豆 200 克

配料

冰糖 20 克
红糖 50 克

做法

1. 红豆洗净，泡发 30 分钟，入锅加水煮至熟透，加入冰糖拌匀即为红豆汤。

2. 红薯、芋头分别去皮蒸熟后拌入红糖至糖融化；再分别加糯米粉搓成长条状，切小丁，依序完成三种圆球。

3. 将各色圆球放入沸水中，煮至浮起后，捞出和红豆汤一起食用即可。

小贴士

气血不足、便秘、面色不佳者尤其适合食用本品。

三丝汤

🕐 12 分钟
🔺 鲜香
☺ ★★

本品具有抗衰抗皱的作用。其中的猪瘦肉含铁元素丰富，有补血的作用；西红柿含维生素 C 丰富，有预防肌肤衰老的作用。

主料

猪瘦肉 100 克
粉丝 25 克
西红柿 40 克
高汤 300 毫升

配料

盐 3 克
味精 1 克
葱 5 克
姜末 5 克
料酒 15 毫升
香油 5 毫升

做法

1. 猪瘦肉洗净，切成细丝；西红柿洗净，去皮、切成丝；粉丝用温水泡软；葱洗净，切成葱花。

2. 炒锅上火，加高汤烧开，下肉丝、西红柿丝、粉丝。

3. 待汤沸时，加入葱花、姜末、料酒、盐，再次煮开时加入味精，出锅盛入汤碗内，淋上香油即可。

小贴士

西红柿丝不宜太早放入，以免煮烂。

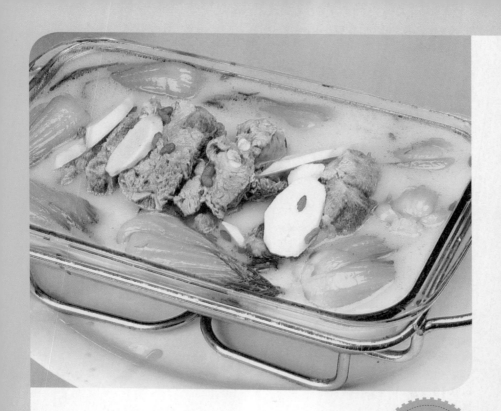

山药炖排骨

⏱ 70 分钟
🍲 清香
😊 ★★

本品具有滋润肌肤、促进代谢的作用。其中的山药、枸杞子均为补虚扶正之佳品，有延缓衰老的作用；上海青富含维生素 C，对肌肤有益。

主料

山药 150 克
猪排骨 300 克
枸杞子 5 克
上海青 150 克

配料

盐 4 克
味精 4 克

做法

1. 猪排骨洗净，剁小块，入水余烫后捞出沥干；山药去皮，洗净，切片；枸杞子泡发；上海青洗净。

2. 锅上火，放入清水、猪排骨、山药炖 1 个小时，加入上海青、枸杞子，入盐、味精调味，再煮开，盛盘即可。

小贴士

也可加入数颗红枣，营养价值更高。

山药绿豆汤

🕐 50 分钟
🍲 清甜
😊 ★★

本品具有清热解暑、除皱美肤的作用。其中的紫山药含有丰富的花青素，有抗氧化、美容养颜的作用，有"紫人参"的美称。

主料

紫山药 140 克
绿豆 100 克

配料

白糖 40 克

做法

1. 绿豆泡水至膨胀，沥干水分后放入锅中，加入清水，以大火煮沸，再转小火续煮 40 分钟至完全软烂，加入白糖搅拌至融化后熄火。

2. 紫山药去皮切小丁，另外准备一锅开水，放入紫山药丁煮熟后捞起，与绿豆汤混合即可食用。

小贴士

山药切好后放水中浸泡一会儿，烹饪时不易粘锅。

山药凉薯肉汤

⏱ 125 分钟
🧂 鲜咸
😊 ★★

本品具有滋补养颜的作用。其中的猪瘦肉有补铁补血作用，有助于改善气色；山药营养丰富，能增强免疫力，延缓细胞衰老。

主料

猪瘦肉 60 克
山药 200 克
凉薯 20 克

配料

盐 4 克
味精 3 克

做法

1. 猪瘦肉洗净，切片；凉薯、山药均去皮，洗净，切厚片。

2. 把以上主料放入锅内，加清水适量，大火煮沸后，小火煲 2 个小时。

3. 最后加入盐、味精调味即可。

小贴士

猪瘦肉在冰箱冷冻 1 个小时左右再烹饪，口感更好。

山药玉米排骨汤

🕐 200 分钟
🍲 鲜香
😊 ★★

本品具有滋润肌肤、补中益气的作用。其中的玉米含有大量卵磷脂，有助于细胞再生；另外还含有丰富的维生素 E，有抗氧化、延缓肌肤衰老的作用。

主料
干山药 30 克
带须玉米 150 克
猪排骨 100 克

配料
盐 5 克

做法

1. 玉米洗净，切段；干山药洗净。

2. 猪排骨洗净，斩段，氽水。

3. 将适量清水放入瓦锅内，煮沸后加入以上主料，大火煲沸后，改用小火煲 3 个小时，加盐调味即可。

小贴士
调料不要放太多，以免影响玉米的清香。

瘦肉丝瓜汤

🕐 20 分钟
📐 清香
☺ ★★

本品具有排毒抗皱、补水润肤的作用。其中丝瓜含有预防皮肤衰老的维生素 B_1、美白肌肤的维生素 C，有使人皮肤变得光滑、细腻之效。

主料

猪瘦肉 50 克
丝瓜 200 克
鸡汤 500 毫升

配料

盐 3 克
葱花 3 克
姜丝 3 克

做法

1. 丝瓜去皮，洗净，切菱形片。

2. 将猪瘦肉洗净，切成丝，放入沸水中略烫，捞起备用。

3. 锅中加鸡汤烧沸，放入肉丝、丝瓜、葱花、姜丝，用小火煮至所有食材熟软，加盐调好味即可。

小贴士

女性宜常食丝瓜，有补水、通络之效。

水果煲牛腱

⏱ 90 分钟
🔥 清香
☺ ★★

本品具有补水保湿、美白嫩肤的作用。其中的苹果富含维生素 C 和膳食纤维，有助于预防色素沉着，排毒养颜；雪梨含水分多，有滋阴润肤之效。

主料

苹果 1 个
雪梨 1 个
牛腱 300 克
红枣 5 颗

配料

姜 3 克
盐 2 克

做法

1. 牛腱洗净，切块，氽烫后捞起备用；姜洗净去皮，切片。

2. 红枣洗净，去核备用；苹果、雪梨洗净，去皮，切薄片。

3. 将以上主料和姜片放入锅中，加适量水，以大火煮沸后，再以小火煮至牛腱软烂，最后加盐调味即可。

小贴士

牛腱氽烫后可去除腥味和血水。

丝瓜鸡肉汤

本品具有滋润肌肤、排毒抗皱的作用。其中的丝瓜有清凉、利尿、通经、解毒之效，是不可多得的天然美容蔬菜，适合女性常食。

主料

丝瓜 200 克

鸡胸肉 200 克

配料

姜片 5 克

盐 4 克

味精 5 克

淀粉 5 克

做法

1. 丝瓜去皮，切成块；鸡胸肉切成小片。

2. 将鸡肉片用淀粉、少许盐腌制入味。

3. 锅中加水烧沸，下入姜片、鸡片、丝瓜煮 6 分钟，待熟后调入剩余盐、味精即可。

小贴士

鸡肉腌制时也可以加少许料酒，能更好地去腥提味。

乌梅银耳鱼汤

本品具有排毒养颜、抗衰老的作用。其中鲤鱼含有丰富的蛋白质，有助于保持肌肤弹性；银耳可滋润肌肤。

主料
银耳 100 克
鲤鱼 1 条
乌梅 6 颗

配料
姜片 5 克
盐 3 克
香菜 10 克
食用油少许

做法

1. 鲤鱼收拾干净；起煎锅，放油少许，放入姜片爆香，再放入鲤鱼，煎至金黄；香菜洗净切末备用。

2. 银耳泡发，切成小朵，同煎好的鲤鱼一起放入炖锅，加水适量。

3. 加入乌梅，以中火煲至汤色转成奶白色，加盐调味，撒点香菜提味即可。

小贴士
女性常吃鱼能补充优质蛋白质。

土豆排骨汤

🕐 50 分钟
🔥 香软
☺ ★★

本品具有排毒养颜、补益气血的作用。其中的土豆含丰富的膳食纤维以及 B 族维生素，有促进排毒、抗衰老等功效；海带富含胶质和多种矿物质，有促进新陈代谢的作用。

主料

猪排骨 100 克
胡萝卜 80 克
土豆 80 克
海带 80 克

配料

盐 4 克
胡椒粉 5 克

做法

1. 猪排骨洗净，剁段，用开水汆烫，再以冷水冲洗。

2. 胡萝卜、土豆去皮，洗净后均切成滚刀块；海带洗净，切段。

3. 将以上所有主料一起入汤锅中煮至肉软，调入盐、胡椒粉即可。

小贴士

也可撒入少许葱花，汤味更鲜。

豌豆鸡腿汤

🕐 25 分钟
🔺 清香
☺ ★★

本品具有淡斑祛斑、使肌肤有光泽的作用。其中的豌豆含有粗纤维，有助于排除肠内毒素，另外还含有丰富的维生素 A 原，有润泽肌肤、使面部光洁的作用。

主料
豌豆 300 克
鸡腿 100 克

配料
葱 10 克
姜 5 克
盐 3 克
味精 3 克

做法

1. 鸡腿去细毛后洗净，切成块；葱、姜洗净，葱切成葱花，姜切片。

2. 锅上火，加水烧沸，下入豌豆、鸡腿稍余后捞出。

3. 锅加水烧热，下入豌豆、鸡腿、姜和葱，煮熟，调入盐、味精即可。

小贴士
鸡腿不宜煮太久，以保持鸡皮完整为最佳火候。

西红柿菠菜汤

⏱ 8分钟
🧂 酸咸
☺ ★★★

本品具有美白肌肤、补血养颜的作用。其中的西红柿富含维生素 C、番茄红素，有预防色素沉着的作用。另外菠菜含大量铁，有补铁补血、红润肌肤的作用。

主料

西红柿 150 克
菠菜 150 克

配料

盐 3 克

做法

1. 西红柿洗净，在表面轻划数刀，入沸水焯烫至外皮翻开，捞起，撕去外皮后切丁；菠菜去根后洗净，切长段。

2. 锅中加水煮开，加入西红柿煮沸，再放入菠菜。

3. 待汤汁再沸，加盐调味即成。

小贴士

菠菜根的营养很丰富，不要丢掉其根。

西红柿豆腐汤

⏰ 10 分钟
🍶 清香
😊 ★★

本品具有美白肌肤、抗衰老的作用。其中西红柿含有抗氧化成分——维生素 C 和番茄红素，有淡斑祛斑、美白肌肤的作用；豆腐含植物蛋白，有助于维持肌肤弹性。

主料

西红柿 250 克
豆腐 300 克

配料

盐 3 克
味精 2 克
胡椒粉 1 克
水淀粉 15 毫升
香油 5 毫升
葱花 25 克
食用油适量

做法

1. 西红柿入沸水焯烫后，剖开，切成粒；将豆腐切成小粒，放入碗中，加西红柿、胡椒粉、少许盐、味精、水淀粉、少许葱花一起拌匀。

2. 炒锅置中火上，下食用油烧至六成热，倒入豆腐、西红柿，翻炒至熟。

3. 约煮 5 分钟后，撒上剩余葱花，调入剩余盐，淋上香油即可。

小贴士

本品制作时宜选用嫩豆腐，口感更佳。

西红柿豆芽汤

🕐 8 分钟
🅰 鲜香
☺ ★★

本品具有美白抗衰、滋润肌肤的作用。其中的西红柿含有丰富的抗氧化成分，有美容、祛皱、抗衰老之效；黄豆芽含营养素种类较多，能使头发有光泽，还能淡斑祛斑、预防贫血。

主料

黄豆芽 150 克
西红柿 150 克
蟹柳 25 克
金针菇 50 克

配料

姜片 5 克
盐 3 克
胡椒粉 2 克

做法

1. 西红柿去蒂，洗净，切丁；黄豆芽洗净备用；蟹柳去包装撕成细丝；金针菇去须根后洗净备用。

2. 锅内加水煮开，放入姜片、西红柿丁、黄豆芽、金针菇煮至西红柿略为散开，加入盐及蟹柳丝、胡椒粉即可。

小贴士

也可用蟹肉代替蟹柳，别具鲜味。

西红柿红枣汤

🕐 25 分钟
🍯 香甜
☺ ★★

本品具有排毒瘦身、美白肌肤的作用。其中的西红柿含有丰富的维生素 C，有抑制色素的作用；红枣可益气生血、红润肌肤；玉米粉有美容养颜、延缓衰老之效。

主料

西红柿 400 克
红枣 10 颗
玉米粉 300 克

配料

白糖 5 克

做法

1. 红枣洗净；西红柿用开水焯烫后去皮，切方丁。

2. 锅内加开水，放入红枣煮开，小火煮 20 分钟。

3. 玉米粉调糊，倒入锅内，边倒边搅动，再加西红柿丁、白糖搅匀，倒入盘内，用冷水镇凉，即可食用。

小贴士

玉米粉黏稠度要适中，边倒边搅动，以免产生小块。

西红柿鲫鱼汤

⏱ 25 分钟
🧂 鲜香
☺ ★★★

本品具有滋润肌肤、延缓衰老的作用。其中的鲫鱼有健脾利水的作用，且含有优质蛋白质和多种矿物质，对人体滋补效果显著。

主料

鲫鱼 1 条
西红柿 100 克
高汤 500 毫升

配料

香油 3 毫升
盐 3 克
味精 2 克
料酒 5 毫升
姜片 3 克
食用油适量
香菜少许

做法

1. 将鲫鱼收拾干净，表面切十字刀，放入沸水锅内稍汆烫；西红柿洗净，去皮后切片。

2. 油锅加热，下姜片炝锅，放入高汤，加入盐、味精、料酒和鱼煮十几分钟。

3. 待鱼快出锅时，放入西红柿片，再煮 5 分钟，淋入香油，用香菜点缀即成。

小贴士

营养不良、脾虚、体质虚弱者尤宜食用本品。

西红柿咸肉汤

🕐 30 分钟
🔺 鲜咸
☺ ★★

本品具有补益气血、改善气色的作用。其中的西红柿和胡萝卜均含有抗氧化成分，有滋润肌肤、延缓肌肤衰老的作用；猪瘦肉可补铁补血；莲子可养心安神。几种食材搭配，营养价值较高。

主料

猪瘦肉 50 克
西红柿 200 克
胡萝卜 30 克
莲子 25 克

配料

香油 5 毫升
盐 3 克

做法

1. 猪瘦肉洗净，沥干，用盐抹匀，腌制一夜，第二天即成咸猪肉，取出切小块。

2. 西红柿洗净切成块；胡萝卜去皮，洗净，切厚块；莲子提前泡发好。

3. 将咸猪肉、胡萝卜、莲子放入清水锅内，大火煮沸，改小火煲 20 分钟，加入西红柿再煲 5 分钟，加香油、盐调味即可。

小贴士

猪瘦肉一定要腌制一夜，盐分才能充分渗入肉里，成为咸猪肉。

西红柿洋葱芹菜汤

本品具有排毒瘦身、美白养颜的作用。其中的洋葱富含维生素 C、烟酸，有助于修复损伤的细胞，使肌肤光洁、有弹性，有美容养颜的功效。

主料

西红柿 50 克
洋葱 50 克
芹菜 50 克

配料

奶油 10 克
番茄酱 5 克
蜂蜜 10 毫升
盐 3 克
葡萄酒 10 毫升

做法

1. 洋葱洗净，切丝；西红柿洗净，焯烫后去皮，切块；芹菜洗净氽熟，切粒。

2. 锅上火，奶油放入锅中，加热，下入洋葱丝、西红柿块炒软，倒入清水，再加番茄酱、蜂蜜、盐煮开，转中火煮沸 5 分钟，淋入葡萄酒，撒入芹菜粒即可食用。

小贴士

放入蜂蜜后火调小一些，避免高温破坏蜂蜜的营养。

🕐 15 分钟
△ 鲜香
☺ ★★

西红柿猪肝汤

⏱ 15分钟
🍶 清香
☺ ★★

本品具有补血养颜的作用。其中的猪肝含有丰富的铁，是理想的补血食品，女性常食有预防贫血、改善面色萎黄的作用。

主料

西红柿 100 克
猪肝 150 克
金针菇 50 克
炸熟虾米 50 克

配料

盐 3 克
酱油 5 毫升
鸡精 2 克

做法

1. 猪肝洗净，切片；西红柿入沸水中稍烫，去皮、切块；金针菇洗净。

2. 将切好的猪肝入沸水中汆去血水。

3. 锅上火，加水，入猪肝、金针菇、西红柿一起煮10分钟，再加入炸熟虾米、盐、鸡精、酱油调味，稍加搅拌即可。

小贴士

猪肝煮至颜色变白就可以了，不要煮太久以免影响口感。

西洋参红枣汤

○ 30 分钟
香甜
★ ★ ★

本品具有抗衰抗皱、补益气血的作用。其中的西洋参是补气的重要药材，有预防贫血的作用，与红枣搭配食用可补益气血，改善气色。

主料

红枣 10 颗
西洋参 5 克

配料

冰糖 5 克

做法

1. 将红枣、西洋参洗净，沥水，备用；红枣切开枣腹，去掉枣核，备用。

2. 红枣、西洋参放入锅中，加适量清水，煮沸后，用小火再煮 20 分钟，直到红枣和西洋参的香味都煮出来。

3. 加入适量冰糖煮至融化即可。

小贴士

如果身体没有任何不适，不宜常用西洋参。

虾仁豆腐汤

⏱ 9分钟
🍲 清香
☺ ★★★

本品有滋润肌肤、预防肌肤衰老的作用。其中的虾仁和豆腐含蛋白质较为丰富,对于维持肌肤弹性有益;胡萝卜含有抗氧化成分,有清除自由基、预防肌肤衰老的作用。

主料

虾仁 200 克
豆腐 100 克
青豆仁 50 克
胡萝卜 50 克

配料

盐 3 克
胡椒粉 3 克
水淀粉 15 毫升

做法

1. 虾仁洗净;豆腐洗净,切块;胡萝卜洗净,切丁备用。

2. 锅中加水烧开,将虾仁、青豆仁、胡萝卜丁放入稍烫后捞出。

3. 另烧开水,加入虾仁、青豆仁、胡萝卜丁和豆腐,加盐、胡椒粉煮 2 分钟,用水淀粉勾芡即可。

小贴士

撒入少许葱花味道会更鲜美。

香菇猪尾汤

⏱ 30 分钟
🧂 咸香
☺ ★ ★ ★

本品具有保持肌肤弹性的作用。其中的猪尾含有丰富的胶原蛋白，常食有助于增强皮肤的弹性和韧性，延缓肌肤衰老。

主料

香菇 50 克
黄豆芽 100 克
胡萝卜 50 克
猪尾 300 克

配料

盐 3 克

做法

1. 猪尾剁段，放入开水中汆烫后捞出。

2. 香菇洗净，去蒂，切厚片；黄豆芽掐去须根，洗净，沥干备用；胡萝卜洗净，切块。

3. 将上述主料放入锅中，加水至盖过材料，以大火煮开，转小火续煮 25 分钟，加盐调味即成。

小贴士

猪尾放入开水中汆烫后能有效去除腥味。

玉竹麦冬炖雪梨

⏱ 130 分钟
🍯 香甜
😊 ★★★

本品具有滋阴润燥、补水保湿的作用。其中的雪梨水分大，有补水和排毒的作用；玉竹、麦冬、百合为滋阴润燥的良药，与雪梨搭配，有助于改善皮肤干燥。

主料
雪梨 100 克
玉竹 8 克
麦冬 8 克
百合 8 克

配料
冰糖 25 克

做法

1. 雪梨削皮，每个切成 4 块，去核；玉竹、麦冬、百合用温水浸透，淘洗干净。

2. 将以上主料倒进炖盅内，注入清水，隔水炖，待锅内水开后，先用中火炖 1 个小时，加入冰糖，转用小火再炖 1 个小时即可。

小贴士
也可加入适量蜂蜜，滋阴效果更佳。

杨桃紫苏梅甜汤

⏱12 分钟
🛍酸甜
☺ ★ ★ ★

本品具有滋阴润燥、促进新陈代谢的作用。其中的杨桃含有大量维生素和有机酸，有助于促进新陈代谢，增强人体抗病能力；麦冬和天冬是典型的滋阴良药，适合女性食用。

主料
杨桃 50 克
紫苏梅 4 颗
麦冬 15 克
天冬 10 克

配料
紫苏梅汁 20 毫升
冰糖 10 克
盐少许

做法

1. 将麦冬、天冬放入棉布袋；杨桃表皮以少量的盐搓洗，切除头尾，再切成片状。

2. 将全部主料放入锅中，以小火煮沸，加入冰糖搅拌至融化。

3. 取出药材，加入紫苏梅汁拌匀，待凉后即可食用。

小贴士
杨桃可先入水焯一下，有助于减轻其涩味。

洋葱四味汤

本品具有延缓肌肤衰老的作用。其中洋葱、胡萝卜、卷心菜中均含有抗氧化成分，有助于清除人体内自由基，预防色素沉着，保持肌肤的年轻态。

主料

洋葱 50 克
土豆 100 克
胡萝卜 50 克
卷心菜 150 克

配料

盐 3 克

做法

1. 洋葱去外膜，逐片剥下；土豆与胡萝卜削皮，切片。

2. 卷心菜切大块，洗净后放入锅中，下入洋葱、土豆、胡萝卜，加适量水，煮沸后转小火再煮 20 分钟，加盐调味。

3. 滤渣即可当汤饮。

小贴士

也可加入白糖或蜂蜜，作甜品饮用。

雪蛤蛋清枸杞子甜汤

本品具有滋阴养颜、调节内分泌的作用。其中的雪蛤不但含有具有美容养颜作用的胶原蛋白，还能调节人体内分泌，对月经失调、卵巢早衰有调理作用。

主料
雪蛤 100 克
蛋清 50 克
枸杞子 10 克

配料
冰糖 5 克

做法
1. 雪蛤去杂质，以清水泡发后沥干，加适量水煮开。
2. 蛋清打至发泡，加入雪蛤、枸杞子、冰糖煮 1 分钟即可。

小贴士
雪蛤是女性适用的滋补品，有条件者可常食。

12 分钟
鲜甜
★★★

雪梨银耳百合汤

⏱ 65 分钟
🔺 甘甜
☺ ★★★

本品具有滋阴润燥、补水保湿的作用。其中的银耳滋阴效果显著，与同为滋阴佳品的雪梨、枸杞子、百合搭配，对阴虚所致的皮肤干燥、大便燥结有较好的调理作用。

主料

银耳 50 克
雪梨 100 克
枸杞子 5 克
百合 5 克

配料

冰糖 5 克

做法

1. 雪梨洗净，去皮、去核，切小块待用。

2. 银耳泡 30 分钟后，洗净撕成小朵；百合、枸杞子洗净待用。

3. 锅中倒入清水，放银耳，大火烧开，转小火将银耳炖烂，放入百合、枸杞子、雪梨、冰糖，炖至雪梨熟即可。

小贴士

也可调入少许蜂蜜，滋阴效果更佳。

黄芪鲈鱼汤

🕐 40 分钟
🔺 鲜咸
☺ ★★★

本品具有滋润肌肤、益气养颜的作用。其中的鲈鱼含丰富的蛋白质，有维持肌肤弹性的作用；黄芪是补气的良药；红枣有养血的作用。三者搭配滋补效果显著，适合女性常食。

主料

红枣 5 颗
黄芪 20 克
鲈鱼 1 条

配料

食用油 10 毫升
姜 10 克
盐 3 克

做法

1. 红枣去核，洗净；黄芪洗净浸泡 10 分钟；姜洗净，切片。

2. 鲈鱼去鳞、鳃、内脏，洗净。

3. 锅烧热，下食用油、姜片，将鲈鱼煎至两面金黄色，加入适量沸水，煮至鱼汤呈奶白色，加入红枣、黄芪煲 30 分钟，加盐调味即可。

小贴士

鲈鱼内脏要除净，否则汤容易出现苦味。

党参黄芪猪肝汤

本品具有益气补血、红润肌肤、增强体质的作用。其中的黄芪、党参均有补中益气的作用，有助于益气生血，改善人的气色，与具有补血作用的猪肝搭配，滋补效果显著。

主料

党参 10 克
黄芪 15 克
枸杞子 5 克
猪肝 300 克

配料

盐 3 克

做法

1. 猪肝洗净，切片。

2. 党参、黄芪放入锅中，加适量清水，以大火煮开，转小火熬汤。

3. 熬约 20 分钟，转中火，放入枸杞子煮约 3 分钟，放入猪肝片，待水沸腾，加盐调味即成。

小贴士

清洗猪肝的时候，应该先用面粉揉搓一遍，然后再用清水洗净。

🕐 28 分钟
🧂 咸香
😊 ★★

薏米瘦肉汤

⏱ 60 分钟
△ 清香
☺ ★ ★

本品具有清热祛湿、补血养颜的作用。其中的莲子具有清热养心的作用；薏米可利水除湿；红枣、猪瘦肉有补血补铁作用。几种食材搭配，营养价值较高。

主料

薏米 20 克
红枣 3 颗
莲子 10 克
猪瘦肉 50 克
猪火腿 50 克

配料

盐 4 克
味精 3 克
葱白 10 克

做法

1. 猪瘦肉、火腿洗净，均切成大块；红枣、薏米、莲子泡发 20 分钟洗净；葱白洗净，切段，备用。

2. 锅中加水烧开，下入猪瘦肉、火腿块，余水后捞出。

3. 再在锅中加水烧开，将猪瘦肉、火腿加入，以大火煲开，加入薏米、红枣、莲子、葱白段，小火煲 50 分钟至熟，调入盐、味精即可。

小贴士

气血不足、脾虚有湿、失眠者尤宜食用本品。

薏米南瓜浓汤

⏱ 30 分钟
🍲 香浓
😊 ★ ★

本品具有美白嫩肤、预防肌肤衰老的作用。其中的南瓜含有抗氧化成分胡萝卜素和维生素 C，对肌肤有益；奶油中矿物质、维生素种类丰富，有促进新陈代谢、预防色素沉着的作用。

主料

薏米 35 克
南瓜 150 克
洋葱 60 克
牛奶 50 毫升
奶油 5 克

配料

盐 3 克

做法

1. 薏米泡发洗净后入果汁机内打成薏米泥；南瓜去皮切丁，洋葱洗净切丁，均入果汁机打成泥。

2. 锅烧热，将奶油融化，将南瓜泥、洋葱泥、薏米泥倒入锅中煮沸并化成浓汤状后加盐，再淋上牛奶即可。

小贴士

薏米提前浸泡 1 ~ 2 个小时，更易打成泥。

银耳雪梨汤

本品具有补水保湿、滋润抗皱的作用。其中的雪梨有生津润燥的作用；银耳可滋阴、润肠、补气，对女性滋补效果显著。二者搭配尤其适合爱美的女性常食。

主料
雪梨 50 克
银耳 50 克

配料
冰糖 15 克

做法

1. 银耳用水泡 30 分钟，洗净；雪梨洗净、去核、去皮，切小条，盛于碗中，备用。

2. 砂锅洗净，置于锅上，加水适量，先将银耳煮开，再加入雪梨，煮沸后转入小火，慢熬至汤稠。起锅前，加冰糖拌匀即可。

小贴士

阴虚口渴、大便秘结的女性尤宜食用本品。

银耳莲子排骨汤

🕐 80 分钟
🍶 咸香
😊 ★ ★ ★

本品具有滋润抗皱的作用。其中的银耳可滋阴润燥；莲子可清热养心；猪排骨可益精补血。三者搭配，对秋季干燥所致的肌肤缺水、大便燥结有一定调理作用。

主料

猪排骨 250 克
莲子 100 克
银耳 50 克

配料

盐 3 克
味精 2 克

做法

1. 将猪排骨洗净，砍成小块；莲子泡发 30 分钟，去除莲心；银耳泡发，摘成小朵。

2. 瓦罐中加入适量清水，下入猪排骨、莲子、银耳，煲至银耳黏稠、汤浓时，加盐、味精调味即可。

小贴士

气血不足、阴虚内热者可常食本品。

粉丝竹荪汤

🕐 15分钟
🍶 清香
☺ ★★

本品具有补气养阴、滋润肌肤的作用。其中的竹荪是名贵的食用菌，含有的蛋白质、矿物质和维生素较多，有促进新陈代谢、增强免疫力的作用。

主料

竹荪 50 克
粉丝 20 克
豆苗 30 克
高汤 200 毫升

配料

盐 2 克
味精 2 克
香油 5 毫升
白醋 5 毫升

做法

1. 粉丝用温水浸泡后备用；豆苗洗净。

2. 竹荪摘除尾端伞组织后，放入沸水中加白醋数滴，待色泽变白后捞出，再切成长 5 厘米、宽 2 厘米的薄片。

3. 粉丝用沸水烫一下，捞出后放入汤碗内；锅中放高汤，下盐、味精煮沸，放竹荪和豆苗再煮沸，起锅倒入碗内，淋入香油即成。

小贴士

竹荪在烹制前要剪去其有臭味的菌盖和菌柄，然后再洗净、泡发。

上海青炖鸭

65 分钟
鲜咸
★★

本品具有预防皮肤干燥、粗糙的作用。其中的鸭肉含有烟酸较多，人体缺乏烟酸时会出现糙皮病，皮肤干燥并伴有舌炎、口炎及烦躁情绪。

主料

鸭 1 只
上海青 100 克
红枣 10 颗

配料

姜 10 克
盐 4 克
料酒 10 毫升
食用油适量

做法

1. 将鸭子洗净，切块，汆水，去血水后捞出；姜洗净，切片；上海青和红枣洗净备用。

2. 锅中加油烧热，爆香姜片，加入鸭块、料酒翻炒后，加适量清水和红枣、上海青炖煮。

3. 待肉熟后，加盐调味即可。

小贴士

宜选购摸起来比较平滑的鸭，摸起来像长有肿块的是注水鸭。

银耳橘子汤

⏱ 35 分钟
🔺 酸甜
😊 ★★

本品具有滋阴润燥、美白养颜的作用。其中的橘子含维生素 C，有美白作用；银耳有滋阴、润燥、润肺等作用，是天然的润肤食品，适合女性常食。

主料

橘子 50 克
银耳 75 克
红枣 2 颗

配料

冰糖 10 克

做法

1. 银耳泡软，洗净去硬蒂，切小片；橘子剥开取瓣状。

2. 锅内倒入适量清水，放入银耳及红枣一同煮开后，改小火再煮 30 分钟。

3. 待红枣煮至软绵后，加入冰糖拌匀，最后放入橘子略煮，即可熄火。

小贴士

也可在本品中加入百合炖煮，美肤效果更佳。

芋头鸭汤

本品具有排毒护肤的作用。其中的鸭肉含 B 族维生素和烟酸比较多，有促进新陈代谢、保护皮肤的作用。

主料

鸭肉 200 克
芋头 300 克

配料

盐 2 克
味精 1 克
食用油适量

做法

1. 鸭肉洗净，入沸水中汆去血水后，捞出切成长块；芋头去皮洗净，切长条。

2. 锅内注油烧热，下鸭块稍翻炒至变色后，注入适量清水，并加入芋头块焖煮。

3. 待焖至熟后，加盐、味精调味，起锅即可。

小贴士

不宜食用鸭尖翅部位的鸭肉，致病菌较多。

猪肚菇肉汤

🕐 40 分钟
🔺 鲜咸
☺ ★ ★ ★

本品具有促进新陈代谢、滋润肌肤的作用。其中的猪肚菇氨基酸含量比一般食用菌高，此外还含有铁、钙、锌等多种对人体有益的矿物质，营养价值较高。

主料

猪肚菇 150 克
猪肉 100 克

配料

葱 5 克
姜 4 克
盐 4 克
味精 3 克
清汤 200 毫升

做法

1. 猪肉洗净，切成小方块；猪肚菇洗净撕成小条；姜洗净切片；葱洗净切成葱段。

2. 锅中下清汤烧开，下入姜片、猪肉块煮熟后，加入猪肚菇。

3. 以大火煮 20 分钟后，调入盐、味精，撒上葱段即可。

小贴士

盐最后才放，有助于保证汤汁的鲜美。

猪骨丹参汤

⏱ 100 分钟
🍲 咸香
😊 ★★

本品具有活血通经、红润肌肤的作用。其中的丹参有祛淤止痛的作用，可用于治疗月经不调、痛经、心烦失眠等症，对女性血淤体质有调理作用。

主料
猪骨 200 克
黄豆 50 克
丹参 50 克

配料
盐 4 克
味精 4 克
料酒 10 毫升

做法

1. 将猪骨洗净，切块；黄豆泡发 30 分钟洗净。

2. 丹参用干净纱布包好，备用。

3. 砂锅内加水适量，放入猪骨、黄豆、纱布包，大火烧沸，改用小火煮约 1 个小时，拣出纱布包，调入盐、味精、料酒调味即可。

小贴士
孕妇不宜食用本品。

味噌海带汤

本品是高蛋白、低脂肪食物，富含矿物质、维生素、膳食纤维、钙、钾、碘等常规营养素，有增强体质、防病抗病的功效。

主料
味噌酱12克
海带芽50克
豆腐100克

配料
盐3克

做法

1. 豆腐洗净，切小丁；将水放入锅中，开大火，待水沸后将海带芽、味噌酱熬煮成汤头。

2. 待熬出海带芽、味噌汤头后，再加入切成小丁的豆腐。

3. 待水沸后加入少许盐调味即可。

小贴士

海带芽与味噌酱皆已带有咸味，应先试汤头，若味道不足再加盐。

白瓜咸蛋瘦肉汤

本品营养成分较为全面，其中的白瓜含有蛋白质、胡萝卜素、B族维生素、钙、磷、铁等，瘦肉富含铁；咸蛋中钙的含量比鸡蛋还高，可补充多种营养素。

主料

白瓜 200 克
咸蛋 1 个
猪瘦肉 100 克

配料

味精 1 克
酱油 5 毫升
盐 3 克
糖 5 克
生粉适量
食用油适量

做法

1. 白瓜剖开去瓤，洗净，切成片状；咸蛋去壳备用。

2. 将猪瘦肉切片，用食用油、盐、糖、味精、生粉、酱油调味，腌 30 分钟。

3. 将适量清水放入瓦煲内，煮沸后加入白瓜及咸蛋黄，煲 20 分钟左右，放入瘦肉，煮至瘦肉熟，再倒入咸蛋白略搅拌，加盐调味即可。

小贴士

酱油宜用生抽。

第四章

瘦身沙拉排出毒素一身轻

新鲜的蔬菜，色泽诱人的水果，口味诱人的沙拉酱，它们通过多种调配方法，构成一道道色泽鲜艳、鲜嫩爽口、解腻开胃的沙拉菜品。常常为减肥苦恼不已的您，完全可以在享受美味的同时变成"瘦美人"。在本章中，我们将为您精心挑选了数十道瘦身排毒的沙拉，提供合理的营养搭配、丰富的菜式参考、简单的制作方法，让您每天变着花样，越吃越瘦。

瘦身沙拉巧手做

制作蔬菜沙拉看似简单，其实也有很多制作窍门，了解这些窍门，能帮助您更好地制作出美味的沙拉。

4 选择器皿很重要

沙拉酱中醋的酸性会腐蚀金属器皿，特别是铝制器皿，释放出的化学物质不仅会破坏沙拉的原味，对人体也有害。因此，最好选择木质、玻璃、陶瓷材质的器皿。

5 调制比例定口味

沙拉酱的调制是制作蔬菜沙拉很重要的一步，它决定着您制作沙拉的口味。调制沙拉酱要用上等的色拉油和新鲜的蛋黄，二者的比例约为1：1。

1 新鲜食材为首选

蔬菜的种类和数量可随个人口味随意增减，但蔬菜沙拉原料要选新鲜蔬菜。蔬菜切后装盘，摆放时间不宜过长，否则会影响其美观，也会使蔬菜的营养流失。

6 减肥少吃蛋黄酱

需要减肥瘦身者，制作蔬菜沙拉时应尽量避免使用蛋黄酱，蛋黄酱热量极高，一匙蛋黄酱含热量460卡路里，含脂肪12克，比相同分量的巧克力还高。

2 蔬菜冰泡保翠绿

蔬菜一般会放在冰箱冷藏室中储存，最能延长保质期，但会失去一些水分。可以将蔬菜放在冰水中浸泡，这样可以减少水分流失，蔬菜的颜色也比较翠绿。

3 撕叶菜保新鲜

在制作蔬菜沙拉时，叶菜最好用手撕，以保新鲜，例如白菜、生菜等。食用时，如果叶菜较大的话，可刀叉并用来切成小块，一次只切一块为宜。

7 水果摆放不宜过久

蔬菜沙拉中如果加有水果，应该选用新鲜的水果，水果洗切装盘以后，摆放的时间不宜过长，否则会影响水果的美观，也会使水果的营养价值降低。

8 酸奶调稀沙拉酱

放有蛋黄的沙拉酱一般比较黏稠，拌蔬菜沙拉时不易搅拌均匀。在沙拉酱内调入酸奶，可调稀固态的蛋黄沙拉酱，用来拌蔬菜沙拉味道会更好。

9 加橄榄油有绝招

凡需添加橄榄油的沙拉酱，一定要分次加入橄榄油，并且要慢慢拌匀至呈现乳状，才不会出现不融合的分离状态。如已出现分离状态，只能多加搅拌使之重新融合。

10 炼乳可以减酸味

商场买回来的沙拉酱有些会偏酸，不喜欢酸味者，可以加入一些炼乳减轻沙拉酱的酸味，二者比例约为3：1，即3份沙拉酱，1份炼乳。

11 调料增鲜来保味

为了让蔬菜沙拉更加美味，咸沙拉酱在调制的过程中还要加入适量的芥末油、胡椒粉、盐等。制作者也可以根据自己的口味添加喜欢的调味料。

12 上桌再加沙拉酱

沙拉菜品应现做现吃，如果不马上食用，最好不要先加入沙拉酱调味，等上桌时再将酱汁拌匀。只有这样，才能保证蔬菜沙拉良好的口感和外观。

拌时蔬

⏱ 6 分钟
🧂 清淡
😊 ★★

本品具有清理肠道、减肥瘦身的作用。其中的紫甘蓝和卷心菜中含有大量膳食纤维，有增强胃肠功能、促进肠道蠕动、降低胆固醇的作用。

主料

紫甘蓝 50 克
卷心菜 50 克
黄瓜 50 克
胡萝卜 50 克
豆皮 50 克

配料

盐 2 克
味精 1 克
白醋 6 毫升
香菜 10 克

做法

1. 紫甘蓝、卷心菜、豆皮洗净，切丝，用沸水焯熟后，沥干待用；胡萝卜洗净，切丝；黄瓜洗净，切丝；香菜洗净，切段。

2. 将焯熟的紫甘蓝丝、卷心菜丝、豆皮丝与胡萝卜丝、黄瓜丝、香菜都放入盘中，加盐、味精、白醋拌匀，撒入香菜段即可。

小贴士

根据个人口味，可适当添加白糖调味，甜咸味更加清爽。

拌双耳

⏱ 5 分钟
🧂 酸爽
☺ ★★

本品具有瘦身、排毒、养颜的作用。其中黑木耳含有胶质，可将残留在人体的灰尘、杂质及毒素吸附起来，并排出体外，清肠效果显著。

主料

黑木耳 100 克
银耳 100 克
青椒 15 克
红椒 15 克

配料

盐 3 克
醋 8 毫升

做法

1. 黑木耳、银耳洗净，泡发；青椒、红椒洗净，切斜段，用沸水焯一下待用。

2. 锅内注水烧沸，放入泡发的黑木耳、银耳焯熟后，捞起沥干装盘。

3. 加入盐、白醋拌匀，撒上青椒段、红椒段即可。

小贴士

撒上青椒、红椒，不仅口味更佳，色泽也更诱人。

缤纷拌拌菜

本品具有促进排毒、减肥瘦身的作用。其中的羽衣甘蓝含有的膳食纤维比大白菜还多，吸水率极强，有助于促使排便顺畅，从而预防便秘，减肥瘦身。

主料
彩椒 100 克
羽衣甘蓝 50 克
青菜 50 克

配料
盐 3 克
味精 1 克
白醋 6 毫升
酱油 10 毫升

做法
1. 彩椒、羽衣甘蓝均洗净，切片；青菜洗净撕片状。
2. 彩椒、羽衣甘蓝、青菜分别入沸水焯熟后，放入盘中。
3. 盘中再加入盐、味精、白醋、酱油拌匀即可。

小贴士
肠胃功能不佳者少食本品。

冰晶山药

🕐 4 分钟
🧂 冰爽
☺ ★★

本品具有清凉消暑、纤体瘦身的作用。其中的山药不但营养滋补，而且含淀粉酶，能分解蛋白质和糖类，从而起到减肥瘦身的作用。

主料

山药 200 克
彩椒 50 克
生菜 25 克
菊花瓣 5 克
冰块 100 克

配料

白糖 20 克

做法

1. 山药洗净，去皮，切成条，泡在盐水中；彩椒洗净，切成丝备用；生菜、菊花瓣洗净装盘。

2. 将上述主料放入开水中稍烫，捞出，沥干水分。

3. 将山药、彩椒、冰块、菊花瓣放入容器，加白糖搅拌均匀，装盘即可。

小贴士

月经期间的女性、孕妇、产妇不宜食用本品。

冰镇樱桃萝卜

🕐 8分钟
△ 爽脆
☺ ★ ★ ★

本品具有清热解毒、消脂减肥的作用。其中的樱桃萝卜含多种矿物质和维生素，有促进新陈代谢、健胃消食、除燥生津等作用，适合女性常食。

主料

樱桃萝卜 300 克
芹菜 150 克
百合 80 克
冰块 400 克

配料

盐 3 克
酱油 8 毫升
白糖 10 克

做法

1. 樱桃萝卜洗净，去须根和蒂；芹菜洗净，取茎，切段；百合洗净备用。

2. 将上述材料放入开水中稍烫，捞出，放在装有冰块的冰盘中冰镇；将盐、白糖、酱油、凉开水调成调味汁，配合冰镇好的时蔬蘸食即可。

小贴士

樱桃萝卜可当水果生食。

冰糖芦荟

🕐 5分钟
🧂 鲜甜
☺ ★★★

本品具有排毒养颜、通便瘦身的作用。其中的芦荟有增强胃肠功能、促进脂肪代谢的作用，便秘者吃点芦荟，有助于润肠通便。

主料

芦荟 200 克
黄瓜 50 克
圣女果 10 颗
猕猴桃 50 克
橙子 50 克

配料

冰糖 100 克

做法

1. 芦荟、黄瓜洗净，去皮，切块；圣女果洗净，切瓣；猕猴桃、橙子去皮，切丁。

2. 将芦荟在开水中稍烫，捞出，沥水；冰糖放入水中，置火上煮融，待凉。将所有材料放入容器中，浇入冰糖水，搅拌均匀，装盘即可。

小贴士

食欲不振、消化不佳的人可常食本品。

菠菜豆皮卷

🕐 10分钟
🧂 咸香
☺ ★★

本品具有排毒瘦身、美白滋补的作用。其中的豆皮蛋白质含量高，对皮肤有益；菠菜有清理肠胃、促进排毒之效。

主料

菠菜 500 克
豆皮 150 克
彩椒 50 克

配料

盐 4 克
味精 2 克
酱油 8 毫升

做法

1. 菠菜洗净，去须根；彩椒洗净，切丝；豆皮洗净备用。

2. 将上述材料放入开水中稍烫，捞出，沥干水分；菠菜切碎，加盐、味精、酱油搅拌均匀。

3. 将腌好的菠菜放在豆皮上，卷起来，切段，放上彩椒丝即可。

小贴士

本品尤其适合月经期、便秘、食欲不佳的女性食用。

冰镇芦荟

🕐 10分钟
🔺 甘甜
☺ ★★

本品具有排毒瘦身、补血养颜、美容护肤的作用。其中的芦荟既是天然的美容佳品，又能增强胃肠功能、促进肠道蠕动，有利于排毒。

主料

芦荟 400 克
红樱桃 40 克
绿樱桃 40 克
冰块 300 克

配料

冰糖 50 克

做法

1. 芦荟洗净，去皮，切条；冰糖放入清水中，置火上煮融，装入冰盘中；樱桃洗净备用。

2. 将芦荟放入开水中稍烫，捞出，放入装有冰块和冰糖水的冰盘中，加入樱桃，冰镇一会儿即可。

小贴士

挑选芦荟时要挑选叶肉厚实、有硬度的，不要购买叶尖发黑、发枯的。

菠萝苦瓜

6分钟
清脆
★★★

本品具有清热解毒、减肥瘦身的作用。其中的菠萝含有的菠萝蛋白酶能分解蛋白质，促进消化，预防脂肪堆积，减肥功效显著。

主料

苦瓜 300 克
菠萝 300 克
圣女果 10 颗

配料

盐 2 克
白糖 30 克

做法

1. 苦瓜洗净，剖开去瓤，切条；菠萝去皮，洗净，切块；圣女果洗净对切。
2. 将苦瓜放入开水中稍烫，捞出，沥干水分，加盐腌制。
3. 将备好的主料放入容器中，加白糖搅拌均匀，装盘即可。

小贴士

空腹时尽量不要食用本品，否则易对胃造成刺激。

大拌菜

⏱ 12 分钟
🧂 咸香
☺ ★★

本品具有美容养颜、排毒瘦身的作用。因含有多种蔬菜，膳食纤维和维生素含量较多，有促进新陈代谢、增强肠道排毒的作用。

主料

紫甘蓝 80 克
青椒 80 克
红椒 80 克
黄瓜 80 克
粉丝 80 克
卷心菜 80 克
胡萝卜 80 克
豆皮 80 克

配料

盐 4 克
味精 2 克
酱油 8 毫升
香油 5 毫升

做法

1. 紫甘蓝、青椒、红椒、黄瓜、胡萝卜、卷心菜、豆皮均洗净，切丝；粉丝泡发好。

2. 以上主料用沸水焯熟后，沥干待用，入盘。

3. 加盐、味精、酱油、香油搅拌均匀即可。

小贴士

也可根据自己的喜好加入其他新鲜蔬菜。

金枪鱼刺身

🕐 10 分钟
🌶 鲜辣
😊 ★★

本品具有减肥瘦身、促进消化的作用。其中的白萝卜能消积滞、解毒、助消化，与金枪鱼搭配，既可发挥排毒瘦身作用，还有助消化。

主料

金枪鱼 300 克
白萝卜 25 克
紫苏叶 2 片

配料

酱油 3 毫升
芥末 5 克
冰块 200 克

做法

1. 金枪鱼解冻，切块，再打上花刀。

2. 白萝卜洗净，切成细丝；紫苏叶洗净，沥干。

3. 将冰块打碎，装入盘中，撒上白萝卜丝，摆上紫苏叶，再放上金枪鱼。

4. 将酱油、芥末调成调味汁，食用时蘸取即可。

小贴士

月经期女性、孕妇、产妇不宜食用本品。

大刀莴笋片

⏱ 8分钟
▣ 清脆
☺ ★★

本品具有排毒瘦身的作用。其中的莴笋有刺激消化液分泌、促进胃肠蠕动的作用，可利尿、降压，预防便秘。

主料

莴笋 400 克
枸杞子 30 克

配料

盐 3 克
味精 5 克
白糖 5 克
香油 15 毫升

做法

1. 将莴笋去皮，洗净后用刀切成大刀片，放开水中焯至断生，捞起沥干水，装盘。

2. 枸杞子洗净，放开水中稍烫，撒在莴笋片上。

3. 把配料一起放碗中拌匀，淋在莴笋片上即可。

小贴士

脾胃虚寒者不宜食用本品。

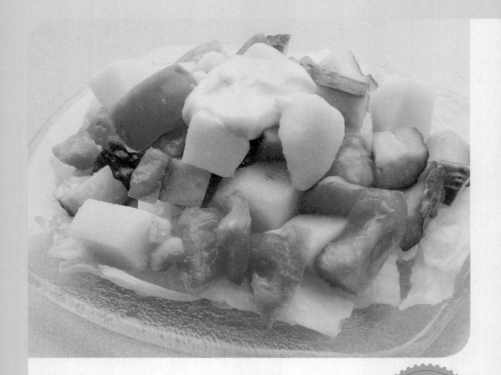

红薯拌卷心菜

⏱ 20 分钟
△ 清爽
☺ ★★

本品具有减肥瘦身、排毒养颜的作用。其中红薯膳食纤维丰富且质地细腻，有助于加快肠道蠕动，缩短毒素在肠道内的滞留时间，是理想的减肥佳品。

主料
红薯 200 克
卷心菜 30 克
黄瓜 150 克
西红柿 150 克

配料
沙拉酱 10 克

做法

1. 卷心菜洗净；黄瓜、西红柿均洗净，切小块；红薯洗净，去皮，切块，入蒸笼蒸熟。

2. 将卷心菜入沸水中稍烫后，盛入盘中。

3. 将备好的主料放入盘中，食用时蘸取沙拉酱即可。

小贴士
肥胖女士可将红薯当主食食用。

豆芽拌荷兰豆

🕐 30 分钟
🌿 清香
☺ ★★

本品具有减肥瘦身的作用。其中的黄豆芽营养成分较为齐全，有美容养颜、抗疲劳的作用；荷兰豆则有促进新陈代谢的作用。

主料

黄豆芽 100 克
荷兰豆 100 克
菊花瓣 10 克

配料

红椒 10 克
盐 3 克
酱油 3 毫升
香油 3 毫升
味精 3 克

做法

1. 黄豆芽掐去头尾，洗净，放入水中焯一下，沥干水分，装盘；荷兰豆洗净，切成丝，放入开水中氽熟，装盘；菊花瓣洗净，放入开水中焯一下；红椒洗净，切丝。

2. 将盐、味精、酱油、香油调匀，淋在黄豆芽、荷兰豆上，拌匀，撒上菊花瓣、红椒丝即可。

小贴士

黄豆芽焯至八成熟即可，口感爽脆鲜嫩。

海鲜沙拉船

⏱ 15 分钟
🍲 鲜香
☺ ★★

本品具有滋补瘦身的作用。其中的虾含优质蛋白质和多种矿物质，滋补作用较强；哈密瓜、芹菜、胡萝卜，含维生素种类较多，有促进新陈代谢的作用。

主料

哈密瓜 150 克
虾仁 150 克
蟹柳 50 克
芹菜 50 克
胡萝卜 50 克

配料

盐 5 克
姜 15 克
沙拉酱 10 克

做法

1. 哈密瓜挖去瓤，修边作为器皿；芹菜洗净，切段；胡萝卜洗净，切花片；虾仁去泥肠，洗净，蟹柳洗净，切段；姜去皮洗净，切片备用。

2. 芹菜、胡萝卜入开水中稍烫，捞出；虾仁、蟹柳放入清水锅中，加盐、姜煮好，捞出；将上述备好的食材与哈密瓜肉一起放入器皿里，食用时蘸取沙拉酱即可。

小贴士

哈密瓜性凉，产妇不宜过多食用本品。

金枪鱼背刺身

⏱ 10分钟
🧂 鲜辣
😊 ★★

本品具有美容、减肥、降低胆固醇的作用。其中的金枪鱼富含优质蛋白质，是女性美容、减肥的圣品，与蔬菜搭配，美容减肥效果更佳。

主料

金枪鱼背 140 克
柠檬角 20 克
海草 20 克
黄瓜丝 20 克
胡萝卜丝 20 克

配料

芥末 15 克
酱油 15 毫升
冰块 200 克

做法

1. 将冰块打碎装盘，摆上花草装饰。

2. 金枪鱼背洗净，切成 9 片；用海草、黄瓜丝、胡萝卜丝垫底，再摆上金枪鱼背。

3. 放入柠檬角、芥末和酱油即可。

小贴士

不宜选购肉呈粉红色、表面无油感、肉质无弹性的金枪鱼，这种金枪鱼不新鲜，不宜生吃。

紫甘蓝拌雪梨

⏱ 13 分钟
🧂 鲜香
☺ ★★

本品具有瘦身美体的作用。其中的紫甘蓝、梨含粗纤维，有促进肠道蠕动的作用，与具有滋补效果的虾仁和海参搭配，既营养，又有利于减肥。

主料

紫甘蓝 30 克
梨 100 克
虾仁 80 克
蟹柳 80 克
海参 80 克
彩椒 50 克

配料

盐 3 克
味精 1 克
酱油 8 毫升
食用油适量

做法

1. 紫甘蓝洗净，制成器皿形状；梨洗净，去皮，切小块；彩椒洗净切丁，入开水中稍烫，捞出。

2. 虾仁、蟹柳、海参洗净，切小粒，入开水中煮熟，再放入油锅，加盐、味精、酱油炒好。

3. 将上述准备好的食材全部放入紫甘蓝叶中即可。

小贴士

也可加入少许白糖、白醋，别有一番滋味。

芦笋蔬菜沙拉

⏱ 7分钟
⚠ 爽脆
☺ ★★★

本品具有美容养颜、促进新陈代谢的作用。其中的蔬菜或含膳食纤维丰富，或含维生素种类较多，或含有其他分解脂肪的物质，适合爱美的女性常食。

主料

黄瓜 30 克
卷心菜 30 克
心里美萝卜 30 克
紫甘蓝 30 克
白芦笋 30 克
彩椒 50 克
红圣女果 10 颗
黄圣女果 15 颗

配料

沙拉酱 5 克

做法

1. 将所有的主料洗净；彩椒及紫甘蓝切条；心里美萝卜、黄瓜、白芦笋切段备用。

2. 卷心菜、心里美萝卜、白芦笋、彩椒入开水稍烫，捞出，沥干水分。

3. 将所有的主料放入盘中，食用时蘸取沙拉酱即可。

小贴士

本品尤其适合夏秋季节食用。

黄瓜西红柿沙拉

🕐 3 分钟
⏹ 清脆
☺ ★★

本品具有排毒养颜的作用。其中的西红柿含维生素较为丰富，有促进新陈代谢的作用；黄瓜有助于清热排毒。

主料

黄瓜 300 克

西红柿 300 克

配料

沙拉酱 10 克

做法

1. 黄瓜洗净，去皮，切片；西红柿洗净，切片备用。

2. 将备好的主料放入盘中，加入沙拉酱即可。

小贴士

本品尤其适合夏秋季节食用。

荷兰豆拌百合

本品具有清热、安神、排毒的作用。其中荷兰豆有利小便、解疮毒的功效；百合可养阴润肺、清心安神，治疗多种热证。二者搭配有助于排毒。

主料

荷兰豆 200 克
百合 50 克

配料

盐 3 克
味精 1 克
白醋 6 毫升
香油 10 毫升

做法

1. 荷兰豆、百合洗净，荷兰豆去两边粗筋。
2. 锅内注水烧沸，放入荷兰豆、百合焯熟后，捞起沥干并放入盘中。
3. 用盐、味精、白醋、香油调成汁，浇在盘中拌匀即可。

小贴士

根据个人口味，可以适当添加白糖或冰糖。

西红柿金枪鱼沙拉

🕐 7分钟
🧂 鲜爽
😊 ★★★

本品具有美容护肤、促进新陈代谢的作用。其中的金枪鱼蛋白质含量高，有维持肌肤弹性的作用，与含膳食纤维的蔬菜搭配食用，既营养，又可排毒。

主料

西红柿 100 克
金枪鱼 130 克
黄瓜 50 克
青菜 30 克

配料

盐 2 克
姜 15 克
沙拉酱 5 克

做法

1. 西红柿洗净，切圆片；黄瓜洗净，切花作为装饰摆盘；金枪鱼洗净，切丝；青菜洗净，切丝；姜去皮洗净，切末备用。

2. 青菜丝入开水，稍烫，捞出，沥干水分。

3. 金枪鱼入清水锅中，加盐、姜煮好，捞出，加入沙拉酱拌匀，放在盘中的西红柿上，把青菜丝放金枪鱼上。

小贴士

青菜焯水时间不宜过久，否则既影响色泽又影响营养素。

清爽萝卜

⏱ 5分钟
🌶 酸辣
😊 ★★

本品具有排毒瘦身的作用。其中的白萝卜含有维生素 C 较多，有抑制色素生成、防止脂肪堆积的作用，兼具美容减肥双重效果。

主料

白萝卜 400 克
泡青椒 20 克
泡红椒 50 克

配料

盐 3 克
味精 3 克
白醋 10 毫升
香油 8 毫升
香菜段 5 克
柠檬片 10 克

做法

1. 白萝卜去皮，洗净，切片；柠檬片、香菜段摆盘。

2. 将泡青椒、泡红椒、白醋、香油、盐、味精加适量水调匀成调味汁。

3. 将白萝卜置调味汁中浸泡 1 天，摆盘即可。

小贴士

也可将白萝卜放沸水中稍焯，直接凉拌即可。

苹果黄瓜沙拉

🕐 3分钟
🈁 清甜
☺ ★★★

本品具有美肤排毒、减肥瘦身、降低胆固醇的作用。其中的黄瓜还含有抑制脂肪生成的丙醇二酸，尤其适合想要减肥的女性食用。

主料

苹果 300 克
黄瓜 100 克
菠萝 20 克
西红柿 50 克
生菜 30 克

配料

沙拉酱 5 克

做法

1. 生菜洗净，放在碗底；苹果、黄瓜、菠萝洗净，去皮，切块；西红柿洗净，切块备用。

2. 将备好的主料放入碗里，食用时蘸沙拉酱即可。

小贴士

根据自己的喜好，也可加入其他蔬菜或水果。

珊瑚萝卜

本品具有排毒瘦身、促进新陈代谢的作用。其中的白萝卜能促进消化，保护肠胃；胡萝卜具有利膈宽肠、降糖降脂的功效。二者搭配，尤其适合长期便秘、消化不良者食用。

主料

白萝卜 200 克
胡萝卜 100 克

配料

盐 3 克
白糖 5 克
白醋 3 毫升

做法

1. 用白糖、白醋、盐加适量水，烧开，熬成酸甜调味汁，待凉。

2. 白萝卜、胡萝卜均洗净，切长条，同入沸水中焯水后捞出。

3. 将萝卜条倒入调味汁中，腌制 4 个小时即成。

小贴士

烹制本品宜选购水分比较多的新鲜萝卜。

什锦沙拉

🕐 9分钟
📐 清脆
😊 ★★★

本品具有清热解毒、瘦身纤体的作用。其中的苦菜有清热解毒、杀菌消炎等作用，与洋葱、黄瓜、西芹、甘蓝等搭配，排毒作用更佳。

主料

洋葱 50 克
黄瓜 100 克
玉米笋 100 克
苦菜 80 克
羽衣甘蓝 80 克
圣女果 3 颗

配料

白醋 3 毫升
色拉油 3 毫升
胡椒粉 3 克
盐 3 克

做法

1. 羽衣甘蓝洗净，沥水，铺在碟中；玉米笋洗净、去蒂、焯水；苦菜洗净焯水；洋葱、黄瓜分别洗净，切条，倒入盘中；圣女果洗净对切备用。

2. 将配料放在一起搅拌成汁。

3. 倒入装主料的盘中拌匀，再盛装在铺有羽衣甘蓝的碟中，加圣女果装饰即可。

小贴士

不习惯生吃洋葱的人，可多放些白醋以减少其刺激味道。

四蔬沙拉

8 分钟
爽脆
★★

本品具有排毒瘦身、消脂减肥的作用。主料中诸蔬菜或含膳食纤维丰富，或含维生素丰富，有促进代谢、增强肠道蠕动、通便排毒的作用。

主料

黄瓜 50 克
胡萝卜 50 克
西红柿 80 克
卷心菜 150 克

配料

番茄酱 10 克

做法

1. 黄瓜洗净，切薄片；胡萝卜洗净，切薄片，入沸水稍烫，捞出，沥干水分。

2. 西红柿洗净，切瓣；卷心菜洗净，入开水稍烫，捞出，沥干水分。

3. 备好的主料放入盘中，蘸取沙拉酱即可食用。

小贴士

也可以放点色拉油，有助于吸收胡萝卜中的胡萝卜素。

时蔬大拼盘

本品具有减肥瘦身的作用。各种蔬菜含膳食纤维丰富，膳食纤维有吸水作用，使人产生饱腹感，进而对食物的总摄取量减少，起到减肥的作用。

主料

胡萝卜 60 克
白萝卜 60 克
红心萝卜 60 克
山药 60 克
芋头 60 克
西芹 60 克
黄瓜 60 克
圣女果 6 颗
香菜 20 克

配料

花生酱 20 克
香油 10 毫升
白芝麻 10 克
盐 3 克

做法

1. 圣女果、香菜洗净，香菜切碎；其他主料洗净，去皮，切成长条块。

2. 除圣女果和香菜，把洗切好的主料放开水中焯熟，沥干水，一起装盘，放入圣女果、香菜点缀。

3. 把配料拌匀，撒入白芝麻，放拼盘中间作蘸料用。

小贴士

减肥人群可以每天食用本品。

蔬菜沙拉

⏱ 6 分钟
🔺 鲜脆
☺ ★★

本品具有消脂减肥、美白肌肤及预防肌肤衰老的作用。各种蔬菜热量低，维生素丰富，饱腹作用强，代谢快，尤其适合想要减肥的女性食用。

主料

紫甘蓝 50 克

罐装玉米粒 50 克

黄瓜 30 克

青椒 30 克

生菜 30 克

胡萝卜 30 克

圣女果 5 颗

卷心菜 30 克

配料

沙拉酱 10 克

做法

1. 生菜洗净，放在碗底；胡萝卜、紫甘蓝、卷心菜洗净，切丝；青椒洗净，切条；黄瓜洗净，切片；圣女果洗净备用。

2. 紫甘蓝、胡萝卜、卷心菜、青椒放入开水中稍烫，捞出，沥干水分，与黄瓜、圣女果、罐装玉米粒放入碗中，淋上沙拉酱即可。

小贴士

罐装玉米也可用新鲜玉米代替。

蔬果拌菜

本品具有减肥瘦身、美白保湿的作用。其中的蔬菜含膳食纤维丰富；水果含维生素 C 丰富。两类食材搭配食用兼具美容减肥的双重作用。

主料

紫甘蓝 50 克
柠檬 15 克
橙子 20 克
樱桃萝卜 20 克
梨 50 克

配料

野山椒 10 克
盐 3 克
味精 2 克
白醋 5 毫升

做法

1. 紫甘蓝洗净撕片；柠檬、橙子、梨、樱桃萝卜均洗净切片。

2. 将紫甘蓝、樱桃萝卜焯熟后同其他主料一起装盘。

3. 加入盐、白醋、味精、野山椒拌匀即可食用。

小贴士

调匀时也可加入料酒、酱油，提味的同时也能使色泽更加漂亮。

双味芦荟

⏱ 6 分钟
△ 清爽
☺ ★★★

本品具有美容护肤、润肠通便的作用。其中的芦荟可用来辅助治疗消化不良、排便不畅；芦荟中的凝胶能为肌肤补充维生素、氨基酸，美肤、消炎效果显著。

主料
芦荟 250 克
黄瓜 30 克

配料
蜂蜜 5 毫升
盐 3 克
芥末 3 克
酱油 3 毫升
味精 3 克

做法

1. 黄瓜洗净切薄片，摆盘；芦荟洗净，去皮，切条，放入加蜂蜜（分量外）的水中焯一下，捞出。

2. 将蜂蜜加温水调匀，做成甜味碟。将盐、酱油、味精调匀，装入味碟中，挤上芥末，做成辣味碟；甜味碟与辣味碟同时上桌，按个人喜好蘸食。

小贴士
蜂蜜要用温水调，营养才不容易被破坏。

杏仁西芹

🕐 3分钟
△ 清脆
☺ ★★★

本品具有排毒瘦身的作用。其中的杏仁可润肠通便；西芹能清热解毒、减肥瘦身、预防结肠癌。二者搭配尤其适合减肥的人群食用。

主料

西芹 200 克
杏仁 10 克

配料

盐 2 克
味精 1 克
白醋 6 毫升
红椒 10 克
香菜 10 克

做法

1. 西芹洗净，切丝；杏仁洗净；红椒洗净，切圈，用沸水焯熟；香菜洗净，切段。

2. 锅内注水烧沸，放入西芹与杏仁焯熟后，捞起放入盘中，加入盐、白醋、味精拌匀。

3. 撒上红椒、香菜段即可。

小贴士

西芹叶中含有较多胡萝卜素和维生素 C，烹制时不宜丢掉能吃的嫩叶。

酸奶拌菜

⏱ 15 分钟
🧂 酸甜
☺ ★★

本品具有健身美体、排毒养颜的作用。其中的酸奶除了营养丰富之外，所含的乳酸菌还能维持肠道正常菌群平衡，调节肠道健康，增强胃肠功能。

主料

紫甘蓝 100 克
圣女果 5 颗
黄瓜 25 克
银耳 15 克
菠萝 30 克

配料

酸奶 150 毫升

做法

1. 紫甘蓝洗净，切丝；圣女果洗净；黄瓜洗净，切丝；银耳泡发片刻；菠萝洗净，切成小块。

2. 将紫甘蓝与银耳均入沸水中焯熟，捞出与其他食材一起装碗，将酸奶倒入碗中，拌匀即可。

小贴士

也可适当加入白糖，口感更清甜。

西式泡菜

本品具有消脂减肥的作用。其中的卷心菜、胡萝卜、黄瓜均是膳食纤维量高、脂肪含量低的食品，有增强肠道蠕动、清理肠内毒素的作用。

主料

卷心菜 50 克
胡萝卜 50 克
黄瓜 50 克

配料

白糖 3 克
盐 3 克
白醋 10 毫升
香油 10 毫升

做法

1. 卷心菜、胡萝卜、黄瓜均洗净，切片，用开水略焯，捞出过凉。

2. 锅内放水烧开，加入白糖、白醋、盐，搅动待白糖融化后，撇去浮沫，倒入盘中晾凉；加入香油和主料，拌匀即可。

小贴士

减肥人群可以经常食用本品。

虾仁菠萝沙拉

🕐 40 分钟
🧂 清香
☺ ★★★

本品具有健身美体、排毒养颜的作用。其中的虾仁富含优质蛋白质；菠萝富含有机酸和 B 族维生素；西芹富含膳食纤维。三者搭配有美容减肥的双重功效。

主料

虾仁 130 克
菠萝 130 克
西芹 100 克

配料

沙拉酱 5 克

做法

1. 虾仁洗净，去背部泥肠，放入沸水中氽熟，沥干水待用。

2. 菠萝去皮后用盐水泡 30 分钟，切成小丁；西芹洗净，切小段，入沸水中焯熟。

3. 将所有主料放入大碗中，加入沙拉酱拌匀即可。

小贴士

菠萝浸泡盐水是为了避免引起过敏反应。

鲜椒水萝卜

🕐 13 分钟
🌶 酸辣
☺ ★★

本品具有消食化积、排除毒素的作用。其中的水萝卜有促进肠道蠕动、润滑肠道、保持肠内湿润、促进排便的作用，有助于清理肠道内长期淤积的毒素。

主料

水萝卜 400 克
青椒 20 克
红椒 20 克

配料

盐 3 克
味精 3 克
白醋 3 毫升
辣椒油 3 毫升

做法

1. 水萝卜洗净，切花状，摆入盘中；青椒、红椒洗净，切圈；将盐、味精、白醋、辣椒油调成调味汁。
2. 将青椒、红椒入开水锅稍烫后，捞出撒在水萝卜上。
3. 淋上调味汁即可。

小贴士

宜选购表皮鲜红、内瓤嫩白、捏起来硬实的水萝卜。

杏仁拌苦瓜

⏱ 8 分钟
🧂 清爽
☺ ★★

本品具有清热解毒、润肠通便的作用。其中的杏仁和苦瓜均味苦，中医有"苦能通泄、降泄"的说法，故有泻火解毒之效。

主料
杏仁 10 克
苦瓜 250 克
枸杞子 5 克

配料
香油 10 毫升
盐 3 克
鸡精 2 克

做法

1. 苦瓜洗净，剖开，去掉瓜瓤，切成薄片，放入沸水中焯至断生，捞出，沥干水分，放入碗中。

2. 杏仁用温水泡一下，撕去外皮，掰成两瓣，放入开水中烫熟；枸杞子洗净、泡发。

3. 将香油、盐、鸡精与苦瓜搅拌均匀，撒上杏仁、枸杞子即可。

小贴士

杏仁有小毒，一次食用不宜太多。

玉米沙拉

🕐 10分钟
△ 清爽
☺ ★★★

本品具有美容瘦身、排毒养颜的作用。其中的玉米不但富含具有美肤养颜作用的维生素 E，还含有丰富的膳食纤维，有防治便秘、肠炎、肠癌等作用。

主料

嫩玉米粒 300 克
西红柿 100 克
豌豆 100 克

配料

沙拉酱 10 克

做法

1. 将玉米粒洗净，加适量清水煮熟。

2. 西红柿洗净，入沸水中稍烫，捞出去皮，切丁；豌豆洗净，加适量清水煮熟。

3. 将玉米粒、西红柿丁、豌豆盛入碗中，拌入沙拉酱即可。

小贴士

也可加入少许芹菜段，别有风味。

杂蔬拌双耳

🕐 3分钟
🔺 清爽
😊 ★★★

本品具有纤体、排毒、瘦身的作用。其中的银耳营养价值和药用价值都很高，因富含胶质，因此有助于胃肠蠕动，减少人体对脂肪的吸收，减肥效果不错。

主料
生菜 25 克
彩椒 25 克
鲜黑木耳 50 克
银耳 50 克
紫甘蓝 25 克
圣女果 5 颗

配料
盐 3 克
味精 1 克
香油 3 毫升

做法
1. 生菜、彩椒、鲜黑木耳、银耳、紫甘蓝均洗净，切片，入沸水锅中焯水后捞出；圣女果洗净，对切成两半。
2. 将备好的主料同拌，调入盐、味精拌匀。
3. 淋入香油即可。

小贴士
减肥人群可以常食本品。

第五章

美容瘦身蔬果汁葆青春活力

蔬菜和水果是天然和绿色的代名词，蔬果汁作为健康饮品受到越来越多人的喜爱。新鲜的蔬菜和水果含有丰富的营养素，能够为人体提供所需要的营养。每天只要一小杯鲜榨的蔬果汁，就能补充人体需要的维生素和矿物质，还能帮助清洁肠道，起到美容瘦身的作用。

制作蔬果汁工具大集合

榨汁机

特色

　　适用于较为坚硬、根茎部分较多、膳食纤维多且粗的蔬果，例如胡萝卜、苹果、菠萝、西芹、黄瓜等。榨汁机能将蔬果渣和汁液分离，所以最后打出来的会是较清澈的蔬果汁。

使用方法

　　（1）把材料洗净后，切成可放入料口的大小。

　　（2）放入材料后，将杯子或容器放在饮料出口下，再把开关打开，机器开始运作，同时用挤压棒在入料口挤压。

　　（3）膳食纤维多的食物，直接榨取，不要加水，取其原汁即可。

清洁建议

　　（1）若单独用于榨水果或蔬菜，则用温水冲洗，并用刷子清洁即可。

　　（2）如果使用鸡蛋、牛奶或油腻的食材，则可在水里加一些洗洁剂，转动数回即可洗净。无论如何，使用完需要立刻清洗干净。

压汁机

特色

　　相当适用于制作柑橘类水果的果汁，果肉和果汁混合呈现浓稠状，成为美味又具口感的果汁。

使用方法

　　水果最好以横切方式切制，将切好的果实覆盖其上，再往下压并左右转动，就能挤出汁液。

清洁建议

　　（1）使用完应马上用清水清洗，而压汁处因为有很多细缝，需用海绵或软毛刷清洗残渣。

　　（2）清洁时应避免使用菜瓜布，因为会刮伤塑胶材质部位，容易潜藏细菌。

砧板

特色

　　蔬果和肉类的砧板应分开使用，除可以防止细菌交叉感染外，也可以避免蔬果沾染肉类、辛香料的味道。

清洁建议

（1）塑胶砧板每次使用完后，要用海绵清洗干净并晾干。

（2）不要用高温清洗，以免砧板变形。

（3）每星期在砧板上撒一层小苏打粉，用刷子刷洗，再用大量开水冲洗。

搅拌棒

特色

搅拌棒有多种材质、颜色和款式，但无论什么材质，都是能让果汁中的汁液和溶质均匀混合的好帮手；底部附有勺子的搅拌棒，能让果汁搅拌得更均匀，而没有附勺子的，则较适合搅拌没有溶质或溶质较少的果汁。

使用方法

果汁制作完成后，倒入杯中，再用搅拌棒搅匀即可。

清洁建议

使用后立刻用清水洗净、晾干即可。

磨钵

特色

适合将卷心菜、菠菜等叶茎类食材制成蔬果汁时使用。此外像葡萄、草莓、蜜柑等柔软、水分又多的水果，也可用磨钵做成果汁。

使用方法

首先将材料切细，放入钵内，再用研磨棒捣碎，磨碎之后，用纱布将其榨干。在使用磨钵时，要注意擦干材料、磨钵和研磨棒上的水分。

清洁建议

使用完毕必须马上用清水清洗，并将其擦拭干净。

自制蔬果汁 10 大要诀

1 使用新鲜材料

蔬菜和水果如果存放太久，其营养价值会大打折扣，所以应该尽量选用新鲜的材料榨汁。如果材料有损坏，一定要把损坏的部位去掉后再使用。

2 制作时间缩短

为了减少维生素的流失，以及防止蔬果口感变差，在制作过程中，动作应该快一些；尤其是在利用榨汁机压榨蔬果时，更应该高速完成。

3 蔬果最好混合搭配

蔬菜类的食物榨成汁后，大多口感不佳，所以可添加一些水果搭配使用，以调和口味，还能使蔬果汁的营养更均衡。水果中的苹果，可说是最百搭的水果之一。

7 尽量削去水果表皮

为了减少维生素流失，虽然水果表皮的维生素和矿物质比果肉多，但是市场上卖的水果，果皮上常涂有蜡，或附着防腐剂，还可能有残留的农药，为了安全起见，仍宜去皮食用。

8 巧妙使用冰块

不好喝的蔬果汁加上冰块，口感会稍微好一些；另外在搅打食物时，可以先放入冰块，不但可以减少榨汁过程中产生的气泡，还能防止营养成分被氧化。

4 柠檬尽量最后放入

由于柠檬的酸味较浓，制作蔬果汁时，其酸味容易影响到其他食材的口感，所以应该尽量在最后加入柠檬，这样不但不会破坏果汁的原味，反而会为蔬果汁增添香气。

5 首选当季的蔬果

只有沐浴在阳光下的蔬果，才富含多种营养，同时口感也更好，所以应该选用陆地蔬果，最好选用当季的蔬果。

6 去除蔬果水气

蔬果清洗干净后，应该将其表面的水气彻底去除，才能保持蔬果的新鲜度。

9 材料须放入冰箱冷藏

为了使蔬果汁口感更好，可以先冷藏要使用的材料；香瓜类可以先去除种子后，再裹以保鲜膜保存。

10 蔬果汁要尽快喝完

为了保留蔬果汁中的营养成分不被氧化，制成的蔬果汁最好在2个小时内喝完。

白菜柠檬汁

⏱ 5 分钟
🧪 酸甜
😊 ★★

本品具有消暑祛脂、美白肌肤的作用。其中的白菜和柠檬汁都是维生素 C 含量丰富的食物，有助于美白。

主料

白菜叶 50 克
柠檬汁 30 毫升
柠檬皮 15 克

配料

冰块 10 克

做法

1. 将白菜叶洗净，与柠檬汁、柠檬皮以及适量冷开水一起放入榨汁机内，搅打成汁。

2. 加入冰块拌匀即可。

小贴士

也可加入适量蜂蜜增加口感。

无花果梨汁

本品具有消脂减肥、健胃清肠的作用。其中的无花果含有人体必需的多种氨基酸，有帮助消化、净化肠道、增强免疫力的作用。

主料

梨 50 克
无花果 50 克
香蕉 30 克

配料

豆浆 30 毫升

做法

1. 将梨去皮和核，切块；无花果一切为二；香蕉剥皮，切块。
2. 将所有材料放入榨汁机内加入凉开水榨汁即可。

小贴士

梨的果皮含多种营养成分，也可不削去。

卷心菜白萝卜汁

本品具有健身美体、促进排毒的作用。其中的卷心菜含多种维生素、矿物质及膳食纤维，是不错的美容蔬菜，常食有助于调节肠道功能、抗衰老。

主料

卷心菜 50 克
白萝卜 50 克
无花果 20 克

配料

冰水 300 毫升
酸奶 50 毫升

做法

1. 将白萝卜和无花果洗净，去皮，与洗净的卷心菜以适当大小切块。

2. 将所有材料放入榨汁机一起搅打成汁，滤出果肉即可。

小贴士

可适当加入冰糖，口感更佳。

 4 分钟
 酸爽
★ ★ ★

草莓蜜桃苹果汁

本品具有排毒瘦身、美容养颜的作用。其中的草莓含维生素 C 丰富；水蜜桃含铁丰富。二者搭配，既有助于美容养颜，还可补铁补血，能使肌肤红润，改善气色。

主料

草莓 50 克
水蜜桃 50 克
苹果 50 克

配料

汽水冰水 100 毫升
奶油 100 克

做法

1. 草莓、苹果用水洗净，草莓去蒂，苹果切块。

2. 把水蜜桃去皮，切半，去核，切成小块。

3. 把草莓、水蜜桃、苹果和汽水冰水放入果汁机内，搅打均匀，挤上奶油即可。

小贴士

放入适量蜂蜜，减肥效果更佳。

卷心菜桃子汁

🕐 4 分钟
🎨 清甜
😊 ★★

本品具有美白肌肤、消脂减肥的作用。其中的桃子除了含有多种维生素、果酸之外，还含有丰富的铁元素，能防治贫血，对面黄肌瘦、气血亏虚有一定调理作用。

主料

卷心菜 100 克
水蜜桃 100 克
柠檬 100 克

配料

白糖 10 克

做法

1. 将卷心菜洗净，切小块；水蜜桃洗净，去皮，对切后去掉核切块；柠檬洗净，切片。

2. 将卷心菜、水蜜桃、柠檬放进榨汁机，压榨出汁，放入白糖拌匀即可。

小贴士

减肥人群可以常饮本品。

菠萝草莓柳橙汁

本品具有开胃消食、排毒减肥之效。其中的草莓含有果胶和丰富的维生素，有排毒养颜的作用。女性常吃草莓对皮肤、头发均有保健作用。

主料
菠萝 60 克
草莓 100 克
柳橙 50 克

配料
蜂蜜 20 毫升

做法

1. 将菠萝洗净，去皮，切块；草莓洗净，去蒂；柳橙洗净，切小块。

2. 将备好的主料与冷开水一起榨汁，将果汁倒入杯中，加入蜂蜜，拌匀即可。

小贴士

夏季饮用本品，既可减肥，也能消暑。

🕐 5 分钟
🅰 鲜甜
☺ ★ ★

哈密瓜柳橙汁

本品具有美白肌肤的作用。其中的哈密瓜有助于消暑生津，是不错的夏季水果，与富含维生素 C 的柳橙搭配，美白养颜效果更佳。

主料

哈密瓜 40 克
柳橙 50 克
鲜奶 90 毫升

配料

蜂蜜 8 毫升

做法

1. 将哈密瓜洗净，去皮、籽，切块。

2. 柳橙洗净，切开。

3. 将哈密瓜、柳橙、鲜奶放入榨汁机内搅打 3 分钟，再倒入杯中，与蜂蜜拌匀即可。

小贴士

蜂蜜宜最后再加，以免营养成分在搅打的过程中被破坏。

贡梨柠檬汁

本品具有美白养颜、滋润肌肤、清理肠道的作用。其中的酸奶经鲜奶发酵而来，含有很多对人体肠道有益的益生菌，整肠排毒效果显著。

主料

贡梨 100 克
柠檬 100 克
酸奶 150 毫升

配料

蜂蜜 10 毫升

做法

1. 贡梨洗净，去皮去籽，切成小块；将柠檬洗净、切片。
2. 贡梨、柠檬先榨汁，最后加入酸奶和蜂蜜，拌匀即可。

小贴士

肠道功能紊乱者适合常饮本品。

胡萝卜草莓汁

🕐 5分钟
🫗 爽口
☺ ★★

本品具有消脂减肥、美白养颜、预防肌肤衰老的作用。其中的胡萝卜含丰富的抗氧化成分胡萝卜素；柠檬含有丰富的维生素 C；草莓含丰富的果胶和膳食纤维。三者搭配，美容养颜效果显著。

主料

胡萝卜 100 克
草莓 80 克
柠檬 50 克

配料

冰块 10 克
冰糖 10 克

做法

1. 将胡萝卜洗净，切成可放入榨汁机的块；草莓洗净，去蒂。

2. 将草莓、胡萝卜、柠檬一起压榨成汁，加入冰糖、冰块拌匀即可。

小贴士

减肥人群可以常饮本品。

胡萝卜猕猴桃柠檬汁

本品具有美白肌肤、预防肌肤衰老的作用。三种主料均含有抗氧化成分，对清除体内自由基、预防肌肤衰老有较好的效果。

主料

胡萝卜 80 克
猕猴桃 100 克
柠檬 50 克

配料

酸奶 50 毫升

做法

1. 将胡萝卜洗净，切块；猕猴桃去皮后对切；将柠檬洗净后连皮切成 3 块。
2. 将柠檬、胡萝卜、猕猴桃放入榨汁机中榨汁，加入酸奶拌匀即可。

小贴士

也可用牛奶代替酸奶。

🕐 5 分钟
🥤 酸爽
😊 ★★

胡萝卜芹菜汁

⏰ 5 分钟
🅰 清爽
☺ ★ ★

本品具有清理肠道、美白养颜的作用。其中的芹菜和卷心菜含有丰富的膳食纤维，有促进肠道排毒的作用，与含有抗氧化成分的胡萝卜搭配食用，有保持肌肤年轻态的作用。

主料

胡萝卜 100 克
芹菜 50 克
卷心菜 50 克

配料

柠檬汁 25 毫升

做法

1. 将胡萝卜洗净，切块；芹菜连叶洗净；卷心菜洗净，切小片。
2. 将除柠檬汁外所有的材料放入榨汁机中搅打成汁，倒入杯中。
3. 加入柠檬汁，调匀即可。

小贴士

经常便秘者可以多饮用本品。

红薯桃子汁

🕒 20 分钟
🌡 甘甜
😊 ★★

本品具有补血养颜、美白肌肤、预防衰老的作用。其中的桃子含铁元素丰富；胡萝卜含有抗氧化成分；红薯含膳食纤维丰富。三者搭配，尤适宜爱美的女性饮用。

主料

桃子 30 克
胡萝卜 50 克
红薯 50 克
牛奶 50 毫升

配料

白糖 10 克

做法

1. 胡萝卜洗净；桃子洗净，去皮去核；红薯洗净，切块，焯至断生。

2. 将胡萝卜、桃子以适当大小切块，与红薯一起榨汁，与牛奶、白糖拌匀即可。

小贴士

胡萝卜皮尽量不要去掉，避免营养素的流失。

西红柿洋葱汁

🕒 4分钟
🅰 清香
☺ ★★

本品具有排毒瘦身、增加肌肤弹性的作用。其中洋葱的有效成分能清除体内自由基，增强肌肤代谢能力，且有助于修复损伤的细胞，使肌肤光洁、有弹性。

主料
西红柿 50 克
洋葱 100 克

配料
白糖 15 克

做法

1. 将西红柿底部以刀轻割"十"字，入沸水汆烫后去皮。

2. 将洋葱洗净后切片，泡入冰水中，沥干水分。

3. 将西红柿、洋葱及适量冷开水、白糖放入榨汁机内，榨汁即可。

小贴士
如果不喜欢洋葱的味道，可以适当减少洋葱用量。

橘柚汁

⏰ 5分钟
🔺 酸爽
☺ ★★★

本品具有美白肌肤、开胃消食的作用。其中的柚子、橘柚、橘子、柠檬均是维生素 C 含量丰富的水果，有美白及预防色斑的作用，还能促进铁元素的吸收。

主料

柚子 200 克
橘柚 100 克
橘子 50 克
柠檬 25 克

配料

柠檬汁 50 毫升
冰块 25 克

做法

1. 把所有水果洗净处理好后切小块，挤出果汁，可加一点柠檬汁，以制作出较酸的风味。
2. 把果汁倒入玻璃杯内，加冰块拌匀即可。

小贴士

食欲不佳的女士可以多饮本品。

苦瓜汁

🕐 4 分钟
🗻 清香
☺ ★★

本品具有清热排毒、清理肠道的作用。其中苦瓜含有丰富的维生素 C、粗纤维以及少许胡萝卜素，既有助于美容养颜，又可促进排毒，减肥瘦身。

主料
苦瓜 50 克
柠檬 30 克

配料
姜 7 克
蜂蜜 5 毫升

做法

1. 将苦瓜洗净，去籽，切小块备用；柠檬洗净，去皮，切小块；姜洗净，切片。

2. 将苦瓜、柠檬和姜倒入榨汁机中，加水搅打成汁。

3. 加蜂蜜调匀，倒入杯中。

小贴士

经常便秘、上火者可以多饮用本品。

梨苹果香蕉汁

⏱ 5分钟
🍶 香甜
☺ ★★★

本品具有美白养颜、补水保湿、润肠通便的作用。其中的梨清爽多汁，含维生素种类较多，且含有丰富的膳食纤维，有滋阴、生津、补水等作用。

主料

梨 50 克
苹果 50 克
香蕉 30 克

配料

蜂蜜 5 毫升

做法

1. 梨和苹果洗净，去皮、去核后切块；香蕉剥皮后切成块状。
2. 将梨、苹果、香蕉放进榨汁机中，榨出汁。
3. 将果汁倒入杯中，加入蜂蜜，一起搅拌成汁即可。

小贴士

减肥人群可以常饮本品。

梨柚汁

⏱ 4 分钟
🧂 酸甜
☺ ★★★

本品具有滋阴润肠、美容瘦身的作用。其中的柚子含维生素 C 较为丰富，另外还含有胡萝卜素、铁等有助于美容养颜的营养成分，适合女性常食。

主料

梨 50 克
柚子 100 克
柠檬 30 克

配料

蜂蜜 5 毫升

做法

1. 将梨洗净，去皮，切成块；柚子去皮，切成块；柠檬切成片。
2. 将梨和柚子放入榨汁机内，榨出汁液。
3. 加入蜂蜜，搅匀后放入柠檬片即可。

小贴士

本品尤其适合皮肤干燥、食欲不振的女性饮用。

梨汁

⏱ 5分钟
🍯 香甜
😊 ★★

本品具有消暑、排毒、减肥的作用。其中的梨具有滋阴、清热、利尿、通便等作用，对于阴虚所致的皮肤干燥、大便燥结有较好的调理作用。

主料
梨 100 克
橙子 50 克

配料
冰水 100 毫升

做法
1. 将橙子去皮；梨去皮、去籽、洗净。
2. 将以上材料以适当大小切块，与冰水一起放入榨汁机内搅打成汁，滤出果肉即可。

小贴士
可适当加入冰糖，滋阴效果更佳。

梨香瓜柠檬汁

本品具有排毒瘦身、滋润肌肤的作用。其中的梨有助于补水保湿、排毒，有美容养颜之效；香瓜含有丰富的 B 族维生素、维生素 C 和矿物质等，有润泽肌肤的作用。

主料

梨 50 克

香瓜 200 克

配料

柠檬 25 克

做法

1. 梨洗净，去皮及果核，切块；香瓜洗净，去皮，切块；柠檬洗净，切片。

2. 将梨、香瓜、柠檬依次放入榨汁机，搅打成汁即可。

小贴士

可适当加入白糖调味，酸中有甜。

🕐 4 分钟
🅰 酸甜
☺ ★★

李子牛奶饮

⏱ 3分钟
🧪 鲜甜
😊 ★★

本品具有美白肌肤、延缓肌肤衰老的作用。其中的李子含果酸、维生素较多,有促进消化、促进新陈代谢的作用,对于增加肌肤的保湿能力、恢复肌肤的活力有益。

主料
李子 30 克
牛奶 25 毫升

配料
蜂蜜 10 毫升

做法

1. 将李子洗净,去核取肉。

2. 将李子肉、牛奶放入榨汁机中。

3. 再加入蜂蜜,搅拌均匀即可。

小贴士

也可用酸奶代替牛奶,做出酸甜滋味。

柳橙苹果梨汁

<table>
<tr><td>🕐 5分钟</td></tr>
<tr><td>🍶 香甜</td></tr>
<tr><td>😊 ★★</td></tr>
</table>

本品具有消脂减肥、清肠排毒的作用。其中苹果含维生素 C 和铁元素丰富；雪梨含有丰富的膳食纤维和果酸；柳橙含膳食纤维、维生素 C 丰富。三者搭配，尤其适合减肥人群、爱美女性食用。

主料
柳橙 100 克
苹果 50 克
梨 25 克

配料
蜂蜜 5 毫升

做法
1. 柳橙去皮，切成小块。
2. 苹果洗净、去核切块；梨洗净，去皮，切成小块。
3. 把备好的柳橙、苹果、梨和适量水放入果汁机内，搅打均匀，放入蜂蜜拌匀即可。

小贴士
加入少许冰块搅拌，口感更佳。

芦荟柠檬汁

⏱ 5 分钟
🧂 酸甜
😊 ★ ★ ★

本品具有美白保湿、清热排毒的作用。其中的芦荟含有天然的保湿因子，对于保持肌肤水嫩、预防皱纹有不错的调理作用。

主料

芦荟 30 克
苹果 50 克
卷心菜 30 克

配料

柠檬汁 100 毫升

做法

1. 将芦荟、卷心菜洗净，切成适当大小的块；苹果洗净，去皮、去核，切成小块。

2. 将芦荟、卷心菜、苹果放入榨汁机中榨汁，加入柠檬汁，拌匀后即可饮用。

小贴士

可适当加入冰糖，口感更佳。

芦笋蜜柚汁

本品具有美容瘦身的作用。其中的芦笋含有丰富的膳食纤维，有促进肠道蠕动、通便排毒、预防痤疮的作用，对爱美女性尤为适用。

主料
芦笋 100 克
芹菜 50 克
苹果 50 克
葡萄柚 100 克

配料
蜂蜜 15 毫升

做法
1. 芦笋洗净，切段。葡萄柚去皮，切块备用。
2. 将芹菜洗净后切成段；苹果洗净后去皮去核，切丁。
3. 将芦笋、芹菜、苹果、葡萄柚榨汁，最后加入蜂蜜调味即可。

小贴士
根据个人口味，可适当减少芦笋和芹菜的用量。

芦笋苹果汁

🕐 4分钟
🅰 酸鲜
☺ ★★

本品具有通便瘦身的作用。其中的生菜含有膳食纤维较多，有消除体内多余脂肪、清理肠道的作用，有"减肥生菜"之誉。

主料

芦笋 100 克
青苹果 50 克
生菜 50 克
柠檬 20 克

配料

蜂蜜 5 毫升

做法

1. 将芦笋洗净，切成小块；生菜洗净，撕碎。

2. 将青苹果洗净，去皮去籽，切成小块；柠檬去皮，切片。

3. 将所有主料倒入榨汁机内榨出汁，加蜂蜜拌匀即可。

小贴士

本品尤其适合夏季饮用。

西瓜西红柿汁

本品具有消暑止渴、美白养颜的作用。其中的西红柿富含维生素 C、番茄红素，是极佳的养颜美容食物，常食有助于祛斑、抗衰老，使皮肤细嫩光滑。

主料

西瓜 150 克
西红柿 50 克
柠檬 30 克

配料

冰块 5 克
果糖 5 克

做法

1. 西瓜洗净，去皮，去籽，切块；柠檬去皮，去籽，连同西红柿切成块。

2. 将上述材料全部放入搅拌机中，加入果糖、冰块，以高速搅打 1 分钟即可。

小贴士

便秘人群可以适量加入酸奶。

猕猴桃薄荷汁

🕐 3 分钟
🧪 酸甜
☺ ★★

本品具有排毒瘦身、美白肌肤的作用。其中的薄荷有清热解毒的作用，对于咽喉肿痛、面生痤疮、麻疹不透有一定的调理作用。

主料

猕猴桃 100 克
苹果 50 克
薄荷叶 20 克

配料

白糖 5 克

做法

1. 猕猴桃洗净，削皮，切成块；苹果削皮，去核，切块。
2. 将薄荷叶洗净，放入榨汁机中搅碎，再加入猕猴桃、苹果块，搅打成汁，放入白糖拌匀即可。

小贴士

若不习惯薄荷叶的味道，也可用薄荷糖融化后加入。

猕猴桃梨汁

🕐 5 分钟
🧪 酸甜
☺ ★★

本品具有补水保湿、美白肌肤的作用。其中的猕猴桃含有丰富的维生素 C，有使肌肤柔软、亮白的效果，并能在一定程度上抑制痤疮，保持肌肤光洁。

主料

猕猴桃 100 克
梨 50 克

配料

柠檬汁 25 毫升
果糖 8 克

做法

1. 将猕猴桃、梨去皮，梨去核，均切成小块。

2. 将上述材料与冷开水一起放入榨汁机中，榨成汁。

3. 向果汁中加入柠檬汁和果糖，拌匀即可。

小贴士

果糖也可用蜂蜜替代。

木瓜紫甘蓝汁

🕐 4 分钟
🥄 鲜甜
🙂 ★★

本品具有美白、祛脂的作用。其中的紫甘蓝含有丰富的 B 族维生素、维生素 C、维生素 E 以及膳食纤维等，有促进新陈代谢、排除毒素、预防色斑等作用。

主料

木瓜 100 克
紫甘蓝 80 克
鲜奶 150 毫升

配料

果糖 5 克

做法

1. 紫甘蓝洗净，沥干，切小片；木瓜洗净去皮，对半切开，去籽，切块入榨汁机中。

2. 加紫甘蓝、鲜奶打匀成汁；滤渣后倒入杯中。

3. 加入果糖拌匀即可。

小贴士

鲜奶也可用酸奶代替。

木瓜莴笋汁

本品具有美容瘦身、排毒减肥的作用。其中的木瓜是美容瘦身的佳品，不但含有丰富的维生素 C，还含有分解脂肪的蛋白酶，对于脂肪堆积有一定的预防作用。

主料
木瓜 100 克
苹果 300 克
莴笋 50 克
柠檬 25 克

配料
蜂蜜 30 毫升

做法
1. 木瓜洗净，去皮去籽后切小块；苹果洗净，去皮去籽后切片。
2. 将莴笋洗净，去皮后切小片；柠檬洗净、对切，取半个。
3. 将所有材料放入榨汁机内，搅打 2 分钟即可。

小贴士
食欲不佳者宜多饮用本品。

南瓜百合梨汁

本品具有滋阴润燥、通便消脂的作用。其中的百合和梨均是滋阴润燥的佳品，对于阴虚所致的皮肤干燥、大便燥结等有较好的调理作用。

主料
南瓜 100 克
干百合 20 克
梨 50 克
牛奶 200 毫升

配料
冰水 100 毫升
蜂蜜 15 毫升

做法

1. 将干百合泡发洗净，与去籽、去皮的南瓜块煮熟；梨洗净后去皮去籽，以适当大小切块，再与其他材料一起放入榨汁机搅打成汁。

2. 滤出果肉即可。

小贴士
南瓜煮熟后再榨汁，别有风味。

🕐 5 分钟
⚖ 鲜香
☺ ★★

苹果葡萄干鲜奶汁

本品具有补血养颜、美白肌肤、排除毒素的作用。其中的葡萄干含铁比较丰富，与含有维生素 C 的苹果搭配食用，铁吸收率更高，补血效果更显著。

主料

苹果 100 克
葡萄干 30 克
鲜奶 200 毫升

配料

白糖 5 克

做法

1. 将苹果洗净，去皮与核，切小块，放入榨汁机中。

2. 将葡萄干、鲜奶也放入榨汁机，搅打均匀，放入白糖拌匀即可。

小贴士

神经衰弱、气色不佳和过度疲劳的人群尤宜饮用本品。

🕐 3 分钟
⚖ 鲜甜
☺ ★★

苹果菠萝桃汁

⏱ 10 分钟
⚖ 酸甜
☺ ★★★

本品具有补血养颜、美容瘦身、开胃消食的作用。其中的桃子含铁丰富，与富含矿物质的苹果搭配食用，补铁补血作用显著，对于气色不佳、面黄肌瘦者有调理作用。

主料

苹果 100 克
菠萝 300 克
桃子 50 克

配料

蜂蜜 5 毫升
盐 3 克

做法

1. 将桃子、苹果、菠萝去皮，洗净，均切小块，菠萝入盐水中浸泡片刻。
2. 将所有的主料放入榨汁机内，榨成汁，放入蜂蜜拌匀即可。

小贴士

食欲不佳、消化不良者也可常饮本品。

苹果番荔枝汁

本品具有美白护肤、促进排毒的作用。其中的番荔枝含有丰富的维生素 C，是绝佳的抗氧化水果，对于预防肌肤衰老、色素沉着有不错疗效，且膳食纤维素含量高，能促进宿便排出。

主料

苹果 100 克
番荔枝 50 克

配料

蜂蜜 10 毫升

做法

1. 将苹果洗净，去皮，去核，切成块。

2. 番荔枝去壳，去籽。与苹果一起放入搅拌机中，再加入蜂蜜，搅拌 1 分钟即可。

小贴士

加入少许白醋，可使本品酸甜有味。

苹果蓝莓汁

本品具有滋润肌肤、排毒瘦身的作用。其中的蓝莓含有丰富的花青素，花青素是纯天然的抗衰老营养成分，对于预防肌肤衰老、保持肌肤年轻态有益。

主料

苹果 50 克
蓝莓 70 克

配料

柠檬汁 30 毫升

做法

1. 苹果用水洗净，带皮切成小块；蓝莓洗净。

2. 把蓝莓、苹果、柠檬汁和适量冷开水放入果汁机内，搅打均匀。把果汁倒入杯中即可。

小贴士

本品也可促进消化，消化不良时可饮用本品。

芹菜芦笋汁

本品具有排除毒素、美白养颜的作用。其中的芹菜和芦笋中含膳食纤维丰富；苹果含维生素 C 和膳食纤维较多；核桃含润肠通便的亚油酸；牛奶既可美白又滋补。几种食材搭配，尤其适合爱美的女性饮用。

主料

芹菜 70 克
芦笋 50 克
苹果 50 克
核桃仁 20 克
牛奶 300 毫升

配料

蜂蜜 10 毫升

做法

1. 将芦笋去根；苹果去核；芹菜去叶。三者洗净后均以适当大小切块。
2. 将所有材料放入榨汁机一起搅打成汁，滤出果肉即可。

小贴士

根据个人口味喜好，可适当减少芦笋和芹菜的用量。

胡萝卜桃汁

本品具有美白养颜、改善气色的作用。其中的胡萝卜、柠檬含有抗氧化成分，对于维持肌肤年轻态有益，与具有美白作用的牛奶和补血作用的桃子搭配，美容效果显著。

主料
桃子 50 克
胡萝卜 30 克
柠檬 20 克
牛奶 100 毫升

配料
蜂蜜 5 毫升

做法
1. 胡萝卜洗净；桃子去皮去核；柠檬洗净。
2. 将以上材料切适当大小的块，与牛奶一起放入榨汁机内搅打成汁，滤出果肉，放入蜂蜜拌匀即可。

小贴士
也可用柠檬汁代替柠檬。

西瓜橙子汁

⏱ 5分钟
🧂 香甜
😊 ★★

本品具有清热利尿、美白养颜的作用。其中的红糖含铁质丰富，有促进血液循环、增强机体造血功能的作用，另外对改善气色也很有好处。

主料
橙子 100 克
西瓜 200 克

配料
冰块 10 克
蜂蜜 10 毫升
红糖 10 克

做法
1. 将橙子洗净，去皮切片；西瓜洗净，去皮，取西瓜肉。
2. 将橙子榨汁，加蜂蜜搅匀；西瓜肉榨汁，加红糖拌匀。二者按分层法注入杯中，加冰块即可。

小贴士
也可加入少许柠檬水，口感更佳。

西瓜芦荟汁

⏱ 3 分钟
❄ 冰爽
☺ ★★★

本品具有消暑生津、美容护肤的作用。其中的西瓜有清热、利水、排毒的作用；芦荟是天然的美容佳品。二者搭配，尤其适合爱美的女性饮用。

主料
西瓜 400 克
芦荟肉 50 克

配料
盐 3 克
冰块 20 克

做法

1. 西瓜洗净，剖开，去掉外皮，取肉；将西瓜肉放入榨汁机中榨汁。
2. 西瓜汁盛入杯中，加入少许盐，加入芦荟肉、冰块拌匀即可。

小贴士

不喜欢咸的味道，可用冰糖代替盐。

西红柿芹菜汁

🕐 4分钟
🔺 酸甜
☺ ★★★

本品具有美白肌肤、清理肠道的作用。其中的西红柿含维生素 C 丰富；芹菜含膳食纤维丰富；酸奶含益生菌较多。三者搭配，既可美容又可纤体，还有滋补效果。

主料

西红柿 100 克
芹菜 50 克
酸奶 300 毫升

配料

蜂蜜 5 毫升

做法

1. 将西红柿洗净，去蒂，切小块。
2. 将芹菜洗净，切碎。
3. 将西红柿、芹菜、酸奶一起入榨汁机榨汁，最后放入蜂蜜搅拌均匀即可。

小贴士

可用牛奶代替酸奶。

西红柿沙田柚汁

🕐 4分钟
🅐 酸甜
☺ ★★★

本品具有美白祛斑、排毒养颜的作用。其中的沙田柚营养价值高，可健胃、醒脾、开胃、清肠、利尿，是不错的美容瘦身食品。

主料
沙田柚 50 克
西红柿 30 克

配料
蜂蜜 5 毫升

做法

1. 将沙田柚去皮洗净，切开，放入榨汁机中榨汁。

2. 将西红柿洗净，切块，与沙田柚汁、凉开水放入榨汁机内榨汁。

3. 饮前加适量蜂蜜拌匀即可。

小贴士

经常便秘者可以常饮本品。

柠檬汁

🕐 4分钟
🔺 酸爽
☺ ★ ★ ★

本品具有淡斑祛斑、美白肌肤的作用。其中的柠檬维生素含量极为丰富，维生素 C 尤其多，对于预防色素沉着、清洁肌肤、使肌肤白嫩光滑等有益，是非常著名的美容水果。

主料
柠檬 15 克
菠萝 35 克

配料
蜂蜜 10 毫升

做法

1. 柠檬洗净，去皮，切片；菠萝去皮，切块。

2. 将柠檬、菠萝块放入榨汁机中榨成汁。

3. 加入蜂蜜一起搅拌均匀。

小贴士
夏季尤其适合饮用本品。

樱桃草莓汁

⏱ 5分钟
🍶 清甜
😊 ★★

本品具有红润肌肤、排毒瘦身的作用。其中的樱桃是补铁补血的佳品，对于女性因贫血所致的面色萎黄、皮肤干燥有较好的调理作用。

主料

草莓 200 克
葡萄 250 克
樱桃 150 克

配料

冰块 5 克

做法

1. 将葡萄、樱桃、草莓洗净；将葡萄对切，把草莓切块，然后与樱桃一起放入榨汁机中榨汁。

2. 把成品倒入玻璃杯中，加冰块，在杯沿上放一个红樱桃装饰即可。

小贴士

根据个人口味可加入适量白糖或蜂蜜。

草莓葡萄汁

⏰ 5分钟
🔺 酸甜
😊 ★★★★

草莓、葡萄含丰富的维生素 C，葡萄的皮与籽更具有清除自由基的功效，经常饮用此汁可以延缓衰老、促进新陈代谢、消除疲劳。

主料

草莓 120 克
葡萄 40 克
酸奶 200 毫升

配料

蜂蜜 10 毫升

做法

1. 将草莓去蒂后清洗干净，切成可放入果汁机大小的块，备用。
2. 将葡萄洗干净，备用。
3. 将所有材料放入榨汁机内搅打成汁即可。

小贴士

不喜欢过酸者，也可用牛奶代替酸奶。